剪映+
Premiere 电脑版
视频剪辑一本通

龙 飞◎编著

中国铁道出版社有限公司
CHINA RAILWAY PUBLISHING HOUSE CO., LTD.

U0261093

内 容 简 介

普通作品与大片的距离，只差一种剪辑手法。本书从四条线出发，帮助读者快速成为视频剪辑高手。

第一条是实用功能线：介绍了十大常用剪辑方法，包括基础剪辑、变速、调色、字幕、音频、转场、特效、蒙版、关键帧和抠图，让你快速上手两个软件。

第二条是效果案例线：安排了70多个热门案例，让你学会不同类型视频的制作方法，以及延时摄影视频、店铺宣传视频等效果制作。

第三条是软件对比线：同一个功能或效果，分别介绍剪映电脑版和Premiere的操作方法和制作流程，让读者根据自己的喜好和需求选择优秀方案。

第四条是强强联合线：列举案例，先用剪映丰富且便利的滤镜、素材、特效和音频等资源，完成素材的调色、片头片尾的制作和背景音乐的导出；再运用Premiere强大且细化的过渡效果、字幕编辑等功能，完成素材时长的调整、过渡效果和说明文字的添加与设置、视频成品的合成与导出，充分发挥两个软件各自的突出优势，让效果翻倍、出彩。

本书结构清晰、内容丰富，适合想学习视频剪辑又无从下手的新手；也适合有一定视频剪辑基础、想进一步提升水平的剪辑爱好者；还适合对两个软件都有一定了解、想学习更多剪辑技巧的高手查漏补缺。

图书在版编目（CIP）数据

剪映+Premiere视频剪辑一本通：电脑版 / 龙飞编著. — 北京：
中国铁道出版社有限公司，2023.12
ISBN 978-7-113-30611-3

Ⅰ.①剪… Ⅱ.①龙… Ⅲ.①视频编辑软件 Ⅳ.①TP317.53

中国国家版本馆CIP数据核字（2023）第190151号

书　　名：剪映 + Premiere 视频剪辑一本通（电脑版）
　　　　　JIANYING+Premiere SHIPIN JIANJI YIBENTONG（DIANNAO BAN）
作　　者：龙　飞

责任编辑：张亚慧　　　　编辑部电话：（010）51873035　　　　电子邮箱：lampard@vip.163.com
封面设计：宿　萌
责任校对：苗　丹
责任印制：赵星辰

出版发行：中国铁道出版社有限公司（100054，北京市西城区右安门西街 8 号）
网　　址：http://www.tdpress.com
印　　刷：北京盛通印刷股份有限公司
版　　次：2023 年 12 月第 1 版　2023 年 12 月第 1 次印刷
开　　本：710 mm×1 000 mm 1/16　印张：15.25　字数：257 千
书　　号：ISBN 978-7-113-30611-3
定　　价：79.00 元

版权所有　侵权必究

凡购买铁道版图书，如有印制质量问题，请与本社读者服务部联系调换。电话：（010）51873174
打击盗版举报电话：（010）63549461

前　言

求同存异，强强联合

　　剪映电脑版因操作简单与便捷，受到许多剪辑爱好者的青睐，成为当前最热门的剪辑软件之一；而 Premiere 作为老牌的剪辑软件，强大的功能和高度自由的参数设置让它拥有众多的忠实用户。一个是新起之秀，一个是昨日霸主，作为视频剪辑的两个热门软件，难免会引发谁更好用的争论。

　　不过，笔者并不想参与争论，更不会为了抬高一个软件就去贬低另一个，编写这本书是为了让大家对这两个软件都能进行了解，以便在实际操作时选择更适合自己、更能满足需求的那一个。

　　为了让读者能够清晰、系统地深入了解这两个软件，本书的编写采取了"求同、存异，强强联合"这八字方针，下面结合内容的选取与编写的方法进行详细分析。

　　一、求　同

　　剪映和 Premiere 都是视频剪辑软件，也就是说，它们都能满足人们的视频剪辑需求，因此，在整体的剪辑功能上它们是相通的。本书选取基础剪辑、变速、调色、字幕、音频、转场、特效、蒙版、关键帧和抠图这十个常见功能，通过讲解 70 多个热门且实用的案例制作方法，帮助大家掌握这两个软件的剪辑精华。

二、存　　异

即便功能相同，但是不同软件之间的功能组成、使用方法和难易程度也是不一样的。因此，本书在介绍同一种功能、同一种效果的基础上，分别介绍了剪映电脑版和 Premiere 的具体操作方法，让读者掌握每个功能的最优用法。

三、强强联合

与其去争论哪一个软件更好用，不如将两个软件联合使用，各取其长，从而提升视频制作效率和优化视频效果。书中安排的案例《美丽夜景》，既让剪映丰富且方便的素材库充分地发挥了作用，让素材的获取、视频的调色不再烦琐；又让 Premiere 强大且自由的功能和参数设置有了用武之地，让效果突破了模式化，变得富有个人色彩。

请记住，好的剪辑软件就是适合你的那一个。希望通过对本书的学习，可以让你做到根据效果来选择功能匹配、效率高的软件，从而提升你的视频剪辑水平，增加视频效果的美观度，高手更是要借用两款软件的长处，强强联合来为自己所用。

需要特别提醒的是，在编写本书时，作者是基于当前软件截取的实际操作图片，但书从写作到出版需要一段时间，在这段时间里，软件界面与功能可能会有调整与变化，比如有的内容删除了，有的内容增加了，这是软件开发商所做的更新，请在阅读时，根据书中的思路，举一反三，进行学习。

本书由龙飞编著，由于作者知识水平所限，书中难免有疏漏之处，恳请广大读者批评、指正，联系微信：2633228153。

编　者

2023 年 9 月

目　录

第 1 章　剪辑：认识软件并掌握基本操作　　　　1

　　想快速上手不熟悉的软件，首先就要熟悉软件的工作界面，了解各大功能区的分布，掌握软件的基本操作，例如，新建项目文件、缩放轨道的方法、导入与导出素材、分割与删除素材、替换素材、组合视频及标记视频出入点等，为后续制作更多精彩的视频效果打下基础。

第2章　变速：设置视频的播放速度　　　　　33

　　对视频进行变速处理，既可以调整视频的总时长；又可以有选择性地将某段视频的播放速度变慢，从而吸引观众的注意；还可以通过调整视频的播放速度来实现画面的转换和运动。本章将分别介绍在剪映电脑版和 Premiere 中的变速操作。

第 **3** 章　调色：让视频画面更加绚丽多彩　　　47

如今人们的欣赏眼光越来越高，喜欢追求更有创造性的短视频作品。因此，在后期对短视频的色调进行处理时，不仅要突出画面主体，还需要表现出适合主题的艺术气息，实现完美的色调视觉效果。本章主要介绍在剪映电脑版和在 Premiere 中调出心仪色调的多种方法。

第 6 章　转场：为素材的切换添加新意　　　107

用户在制作视频时，可以根据不同场景的需要，添加合适的转场效果，让画面之间的切换更加自然、流畅。不管是剪映电脑版还是 Premiere 中都包含大量的转场过渡效果，本章将为大家详细介绍添加和制作视频转场效果的方法，让你的视频具有更强的视觉冲击力。

第**9**章　**抠图：多个素材合成全新效果　　163**

　　在制作视频的过程中，用户如果想将一个素材中的某些元素添加到另一个视频中，或者想将两个素材合成为一个视频，就需要掌握抠图的操作技巧。本章主要介绍在剪映电脑版和 Premiere 中常用的几种抠图方法，帮助用户合成不同的素材，制作出精彩的视频效果。

第10章　制作延时摄影视频　　179

　　喜欢摄影的人基本上都知道延时视频，这种视频拍摄起来需要花费很多时间，但是它展示出来的效果可以说是极其震撼的，在观看过程中也节约了观看者的时间。本章主要介绍用剪映电脑版制作黄昏延时视频和用 Premiere 制作夜景延时视频的操作方法。

第**11**章　制作店铺宣传视频　　195

　　现如今，越来越多的店铺开始用视频来进行宣传和营销，通过这些宣传视频可以向消费者介绍店铺的主要业务，吸引消费者的注意力，促使消费者购买视频中的产品或服务，提高销量，打响店铺的知名度。本章主要介绍在剪映电脑版中制作旅行社宣传视频和在 Premiere 中制作摄影馆宣传视频的操作方法。

第12章 剪映＋Premiere 强强联合制作：《美丽夜景》 215

前面向大家分别介绍了剪映和 Premiere 的操作技巧，可以看出，剪映和 Premiere 作为强大的剪辑软件，既有共通之处，也有各自的优势，那么，将这两个软件结合，强强联手、优势互补，能制作出什么样的视频效果出来呢？本章将向大家介绍使用剪映电脑版和 Premiere 联合制作《美丽夜景》的操作方法。

第 . **1** . 章

剪辑：认识软
件并掌握基本
操作

想快速上手不熟悉的软件，首先就要熟悉软件的
工作界面，了解各大功能区的分布，掌握软件的基本
操作。例如，新建项目文件、缩放轨道的方法、导入
与导出素材、分割与删除素材、替换素材、组合视频
及标记视频出入点等，为后续制作更多精彩的视频效
果打下基础。

剪映中的基本操作

　　剪映电脑版（即剪映专业版）拥有丰富的素材资源和简易的操作体系，能帮助用户轻松地制作出想要的视频效果。本节将带大家认识剪映电脑版的工作界面和一些基础操作。

1.1.1　认识剪映的工作界面

　　用户在电脑上安装好剪映后，需要先对软件的工作界面进行全面认识，这样才能在剪辑时快速又准确地找到需要的功能。在电脑桌面上双击剪映图标，打开剪映软件，即可进入剪映首页，如图 1-1 所示。

图 1-1　剪映首页

　　在首页的左侧可以单击"点击登录账户"按钮，登录抖音账号，从而获取用户在抖音上的公开信息（头像、昵称、地区和性别等）和在抖音内收藏的音乐列表；也可以单击"我的云空间"或"热门活动"标签，切换至对应的面板。

　　而在首页的右侧可以单击"开始创作"按钮，进行视频编辑；也可以单击"剪同款""图文成片"或者"创作脚本"按钮，进行套用视频模板、制作图文视频或编写视频脚本的操作；还可以在"草稿"面板中查看和管理用户创建的草稿文件。

单击"我的云空间"标签，即可切换至对应的面板，如图 1-2 所示。单击"点击登录"按钮，即可在登录账号后，免费获得 512 MB 云空间，可以将重要的草稿文件进行备份。

图 1-2　切换至"我的云空间"面板

单击"热门活动"标签，即可切换至"热门活动"面板，如图 1-3 所示。在该面板中显示了由官方推出的多项投稿活动，用户如果对活动感兴趣，可以选择相应的活动项目，通过参与活动获得收益。

图 1-3　切换至"热门活动"面板

在剪映首页单击"开始创作"按钮或者选择一个草稿文件，即可进入视频剪辑界面，其界面组成如图 1-4 所示。

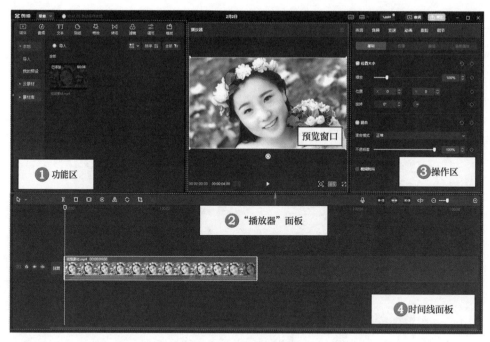

图 1-4 视频剪辑界面

❶ 功能区：功能区中包括剪映的媒体、音频、文本、贴纸、特效、转场、滤镜、调节及模板这九大功能模块。

❷ "播放器"面板：在"播放器"面板中显示了两个时间码，第 1 个时间码表示时间位置，第 2 个时间码表示视频总时长；单击■按钮，即可在时间线面板中显示音频显示器面板，帮助用户更好地调节音量的大小；单击"播放"按钮▶，即可在预览窗口中播放视频效果；单击◙按钮，即可弹出缩放控制条，用户可以拖动滑块调整画面的缩放大小；单击"适应"按钮，在弹出的列表框中选择相应的画布尺寸比例，可以调整视频的画面尺寸大小；单击❙❙按钮，即可进入全屏状态，查看视频画面效果。

❸ 操作区：操作区中提供了画面、音频、变速、动画、跟踪及调节等调整功能，当用户选择轨道上的素材后，操作区就会显示各调整功能。

❹ 时间线面板：在该面板中提供了选择、切割、撤销、恢复、分割、删除、定格、倒放、镜像、旋转及裁剪等常用的剪辑功能，当用户将素材拖动至该面板中时，便会自动生成相应的轨道。

1.1.2 新建草稿文件

扫码看视频

在剪映中，想剪辑出好看的视频，首先要新建一个草稿文件。

在剪映电脑版中，新建草稿文件的操作方法如下。

▶ STEP01 在剪映首页单击"开始创作"按钮，如图 1-5 所示。

图 1-5 单击"开始创作"按钮

▶▶ STEP02 执行操作后，即可进入剪映的视频剪辑界面，并成功创建一个草稿，在界面右上方可以查看草稿的相关参数，如图 1-6 所示。

▶▶ STEP03 可以看到，剪映草稿的命名方式是日期 + 序号，这样不利于用户管理和寻找自己想要的草稿，因此，可以将草稿的名称修改为对应的内容，单击"播放器"面板上方的草稿名称，使其变为可编辑状态，输入相应内容，如图 1-7 所示，按【Enter】键确认即可。

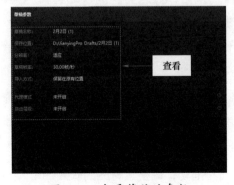

图 1-6 查看草稿的参数

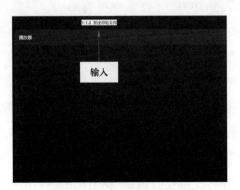

图 1-7 输入相应内容

1.1.3 素材的导入与导出

扫码看效果

扫码看视频

【效果展示】创建好草稿文件后，用户就可以将准备好的素材导入视频轨道，制作完成后，还要将效果导出才能进行分享和发布，因此，素材的导入与导出是用户必须掌握的操作。用户可以根据需求导入多种形式的素材，包括视频、图片、音频等，导入的方法都是一样的，效果如图 1-8 所示。

图 1-8　效果展示

在剪映电脑版中，导入与导出素材的操作方法如下。

▶▶ STEP01 在剪映首页单击"开始创作"按钮，进入剪映的视频剪辑界面，在"媒体"功能区的"本地"选项卡中单击"导入"按钮，如图 1-9 所示。

▶▶ STEP02 弹出"请选择媒体资源"对话框，❶选择相应的视频素材；❷单击"打开"按钮，如图 1-10 所示。

▶▶ STEP03 执行操作后，即可将视频素材导入"本地"选项卡中，单击视频素材右下角的"添加到轨道"按钮▣，如图 1-11 所示。

▶▶ STEP04 执行操作后，即可将视频素材添加到视频轨道中，如图 1-12 所示。

▶▶ STEP05 按住素材右侧的白色边框并向左拖动，调整素材的时长为 10s，如图 1-13 所示。

图 1-9　单击"导入"按钮

图 1-10　单击"打开"按钮

图 1-11　单击"添加到轨道"按钮

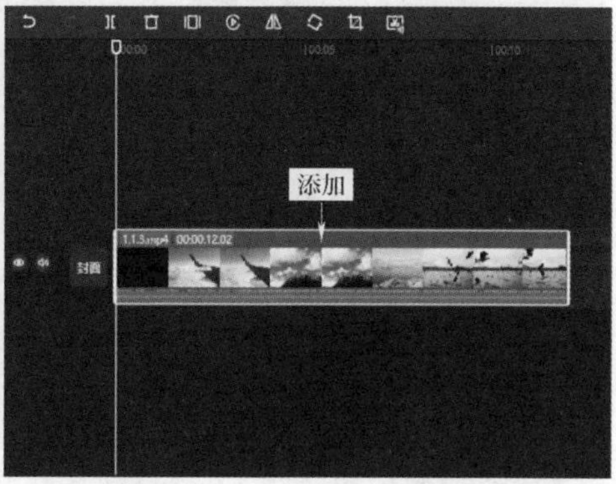

图 1-12　将素材添加到视频轨道中

▶▶ STEP06 在"播放器"面板中单击播放 ▶ 按钮，即可预览视频效果，如图 1-14 所示。

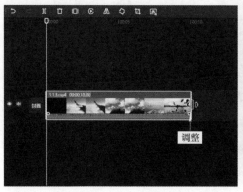
图 1-13　调整素材时长

图 1-14　预览视频效果

▶▶ STEP07 在剪映工作界面的右上角单击"导出"按钮，如图 1-15 所示。

▶▶ STEP08 执行操作后，弹出"导出"对话框，❶更改作品的名称；❷单击
"导出至"右侧的▢按钮，如图 1-16 所示。

图 1-15　单击"导出"按钮　　　　　　　　图 1-16　单击相应按钮

>> 专家指点 >>>>>>.. .>>>> .>>>

在剪映工作界面的右上角单击"快捷键"按钮▣，可以查看剪映中
的功能快捷操作键，让操作过程更便捷、快速；单击▦按钮右侧的下拉按
钮，可以在弹出的列表框中选择界面布局样式；单击"审阅"按钮，可以
发起审阅，邀请朋友一起参与。

▶▶ STEP09 弹出"请选择导出路径"对话框，❶设置相应的保存路径；❷单
击"选择文件夹"按钮，如图 1-17 所示。

▶▶ STEP10 除了设置视频的名称和导出位置，用户还可以对视频的导出参数
进行设置，包括分辨率、码率、编码、格式和帧率等内容，例如，在"帧率"列
表框中选择 50fps 选项，如图 1-18 所示。

▶▶ STEP11 单击"导出"按钮，即可开始导出视频，并显示导出进度，导出
完成后，用户可以选择发布视频，也可以单击"关闭"按钮，如图 1-19 所示，
关闭"导出"对话框。

图 1-17　单击"选择文件夹"按钮　　　　图 1-18　选择 50fps 选项

图 1-19　单击"关闭"按钮

1.1.4　掌握缩放轨道的方法

在编辑素材的过程中，用户如果想更精准地对素材的某个位置进行编辑，就需要掌握缩放轨道的方法。这里接着 1.1.3 的内容介绍在剪映电脑版中缩放轨道的操作方法。

扫码看视频

▶▷ STEP01 在时间线面板的右上角有一个缩放轨道的滑块，向右拖动滑块至合适位置，如图 1-20 所示，即可放大轨道，使视频的可视长度变长。

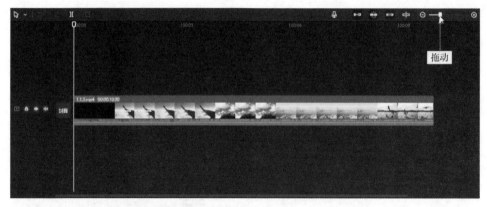

图 1-20　向右拖动滑块

▶▶ STEP02 单击滑块左右两端的"时间线缩小"按钮◎和"时间线放大"按钮◎，也可以调整视频的可视长度，例如，单击"时间线缩小"按钮◎，如图 1-21 所示，即可缩小轨道，使视频的可视长度变短。

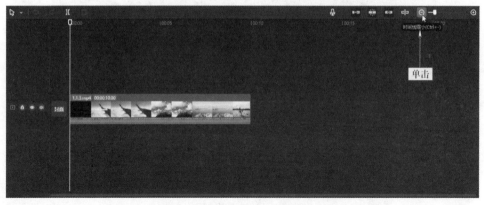

图 1-21　单击"时间线缩小"按钮

扫码看效果

扫码看视频

1.1.5　分割和删除素材

【效果展示】在软件中导入素材之后就可以进行基本的剪辑操作了。当导入的素材时长太长时，可以对素材进行分割和删除操作，从而调整素材的时长，效果如图 1-22 所示。

图 1-22　效果展示

在剪映电脑版中，分割和删除素材的操作方法如下。

▶▷ STEP01 在"本地"选项卡中导入素材，单击视频素材右下角的"添加到轨道"按钮 ➕，如图 1-23 所示，即可将素材添加到视频轨道中。

▶▷ STEP02 在时间线面板中，❶拖动时间指示器至 8s 的位置；❷单击"分割"按钮 Ⅱ，如图 1-24 所示。

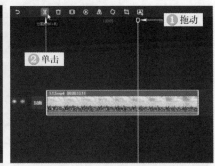

图 1-23　单击"添加到轨道"按钮　　图 1-24　单击"分割"按钮

▶▷ STEP03 执行操作后，即可将素材分割为两段，❶选择分割出的前半段素材；❷单击"删除"按钮 ◻，如图 1-25 所示。

▶▷ STEP04 执行操作后，即可删除不需要的素材片段，效果如图 1-26 所示。

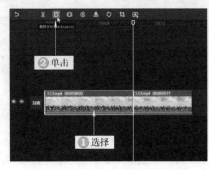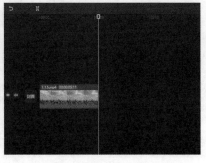

图 1-25　单击"删除"按钮　图 1-26　删除不需要的素材片段的效果

扫码看效果

扫码看视频

1.1.6 组合视音素材

【效果展示】在剪映电脑版中，用户可以分离并删除视频原来的背景音乐，并添加新的音频，还可以将视频素材与音频素材进行组合，从而在后续的操作中更省事，效果如图 1-27 所示。

图 1-27 效果展示

在剪映电脑版中，组合视音素材的操作方法如下。

▶▶ STEP01 在"本地"选项卡中导入一段视频素材和一段音频素材，单击视频素材右下角的"添加到轨道"按钮🞢，如图 1-28 所示，将其添加到视频轨道中。

▶▶ STEP02 ❶在视频素材上右击；❷在弹出的快捷菜单中选择"分离音频"选项，如图 1-29 所示，将视频的音频分离出来。

▶▶ STEP03 ❶选择分离出的音频；❷单击"删除"按钮🗆，如图 1-30 所示，将其删除。

▶▶ STEP04 单击音频素材右下角的"添加到轨道"按钮🞢，如图 1-31 所示，即可将其添加到音频轨道中。

图 1-28 单击"添加到轨道"按钮（1） 图 1-29 选择"分离音频"选项

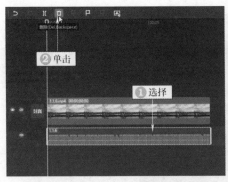 

图 1-30 单击"删除"按钮　　图 1-31 单击"添加到轨道"按钮（2）

▶▶ STEP05 同时选中视频素材和音频素材，❶在任意素材上右击；❷在弹出的快捷菜单中选择"创建组合"选项，如图 1-32 所示。

▶▶ STEP06 执行操作后，即可将视频和音频组合起来，此时，视频和音频上都显示"组合 A"的字样，如图 1-33 所示。

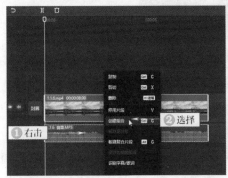 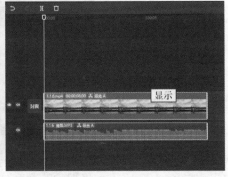

图 1-32 选择"创建组合"选项　　图 1-33 显示"组合 A"的字样

>> 专家指点 >>>>>>.. .>>>> .>>>

　　如果不将视频素材和音频素材组合起来就会出现编辑不同步的情况，例如，删除了部分视频，相对应的音频却没有被删除，用户就要再重复一次分割删除的操作，而将视频素材和音频素材组合起来就没有这种烦恼了。

扫码看效果

扫码看视频

1.1.7 倒放视频素材

【效果展示】在剪映中可以将视频素材进行倒放，从而制作出时光倒流的效果，如图 1-34 所示。

图 1-34 效果展示

在剪映电脑版中，倒放视频素材的操作方法如下。

▶▶ STEP01 在"本地"选项卡中导入素材，单击视频素材右下角的"添加到轨道"按钮➕，如图 1-35 所示，即可将素材添加到视频轨道中。

▶▶ STEP02 ❶在视频素材上右击；❷在弹出的快捷菜单上选择"分离音频"选项，如图 1-36 所示，将视频的音频分离出来，避免在对视频进行倒放处理时影响到背景音乐。

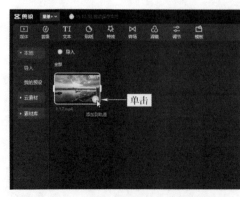

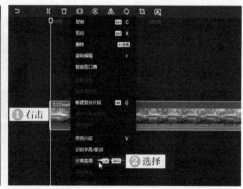

图 1-35 单击"添加到轨道"按钮　　图 1-36 选择"分离音频"选项

>> 专家指点 >>>>>>.. .>>>> .>>>

　　如果视频的背景音乐是纯音乐，也可以不分离出来，直接进行倒放处理即可，这样既可以得到时光倒流的视频效果，也能得到一首新的背景音乐。

▶▷ STEP03 ❶选择视频素材；❷在时间线面板的左上方单击"倒放"按钮，如图 1-37 所示。

▶▷ STEP04 执行操作后，弹出"片段倒放中"对话框，并显示倒放进度，如图 1-38 所示，稍等片刻，即可查看倒放效果。

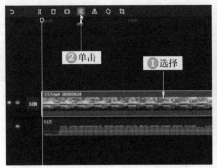 

图 1-37　单击"倒放"按钮　　　　图 1-38　显示倒放进度

扫码看效果

扫码看视频

1.1.8　标记视频入、出点

　　【效果展示】如果用户只想导出视频中的某个片段，又不想删除其他部分，就可以通过标记入点和出点来选定区域进行导出，效果如图 1-39 所示。

图 1-39　效果展示

15

在剪映电脑版中，标记视频入、出点的操作方法如下。

▶▶ STEP01 在"本地"选项卡中导入素材，可以看到素材的时长为 15s，单击素材右下角的"添加到轨道"按钮，如图 1-40 所示。

▶▶ STEP02 ❶拖动时间指示器至 5s 的位置；❷在空白位置右击；❸在弹出的快捷菜单中选择"时间区域"|"区域入点"选项，如图 1-41 所示。

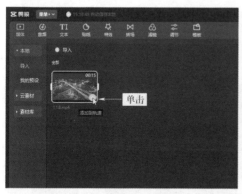

图 1-40　单击"添加到轨道"按钮　　　图 1-41　选择"区域入点"选项

▶▶ STEP03 执行操作后，即可标记要导出的视频片段入点，❶拖动时间指示器至 12s 的位置；❷在空白位置右击；❸在弹出的快捷菜单中选择"时间区域"|"区域出点"选项，如图 1-42 所示，即可完成视频片段入、出点的标记。

▶▶ STEP04 单击"导出"按钮，在"导出"对话框的右下角显示了要导出的视频的时长，如图 1-43 所示，可以看到，原本 15s 的视频只能导出选中的 7s。

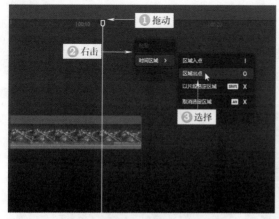

图 1-42　选择"区域出点"选项　　　图 1-43　显示视频时长

1.1.9　复制和粘贴素材

【效果展示】在剪映中，可以将已经制作好的视频效果通过复制，粘贴到需要的位置，节省重复制作的时间和精力，效果如图 1-44 所示。

扫码看效果

扫码看视频

图 1-44　效果展示

在剪映电脑版中，复制和粘贴素材的操作方法如下。

▶▷ STEP01 在"本地"选项卡中导入相应的素材，单击视频素材右下角的"添加到轨道"按钮 ➕，如图 1-45 所示，将其添加到视频轨道中。

▶▷ STEP02 将水印素材拖动至画中画轨道中，使其起始位置与视频素材的起始位置对齐，如图 1-46 所示。

▶▷ STEP03 在"画面"操作区中设置水印素材的"混合模式"为"滤色"模式，如图 1-47 所示，即可为视频添加水印。

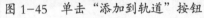
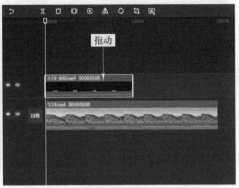

图 1-45　单击"添加到轨道"按钮　　图 1-46　将素材拖动至画中画轨道

▶▷ STEP04 ❶拖动时间指示器至水印素材的结束位置；❷在水印素材上右击；❸在弹出的快捷菜单中选择"复制"选项，如图 1-48 所示，即可将其进行复制。

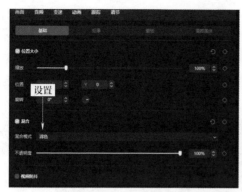

图 1-47　设置"混合模式"

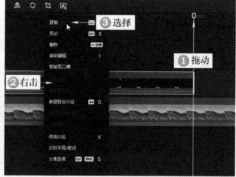

图 1-48　选择"复制"选项

▶▶ STEP05 ❶在时间指示器的右侧空白位置右击；❷在弹出的快捷菜单中选择"粘贴"选项，如图 1-49 所示。

▶▶ STEP06 执行操作后，即可在时间指示器的右侧粘贴复制的水印素材，如图 1-50 所示，为整段视频添加水印。

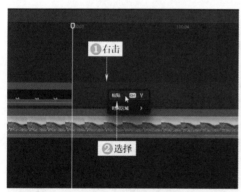

图 1-49　选择"粘贴"选项

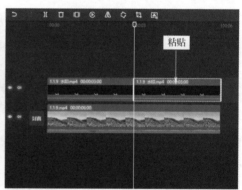

图 1-50　粘贴复制的素材

>> 专家指点 >>>>>>.. .>>>> .>>>

　　用户也可以通过【Ctrl+C】和【Ctrl+V】组合键来完成素材的复制与粘贴，这样更方便、更快捷。

1.2　Premiere 中的基本操作

Adobe Premiere Pro 2022 拥有强大的特效功能，可以满足用户更高的视频制作需求。只要用户掌握好软件的使用方法和操作技巧，基本就能制作出想要的视频效果。

1.2.1　认识工作界面

在启动 Adobe Premiere Pro 2022 后，便可以看到 Adobe Premiere Pro 2022 简洁的工作界面。界面中主要包括标题栏、工作区、菜单栏、"源监视器"面板、"节目监视器"面板、"项目"面板、"工具箱"面板及"时间轴"面板等，如图 1-51 所示。

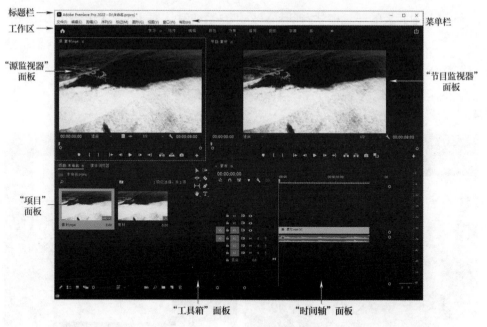

图 1-51　默认显示模式

标题栏位于 Adobe Premiere Pro 2022 软件窗口的最上方，显示了系统当前正在运行的程序名称、保存位置和项目名称等信息。Adobe Premiere Pro 2022 默认的文件名称为"未命名"，单击标题栏右侧的按钮组 — □ × ，可以最小化、最大化或关闭应用 Adobe Premiere Pro 2022 程序窗口。

菜单栏位于标题栏的下方，这里一共有九个命令，分别为文件、编辑、剪辑、序列、标记、图形、视图、窗口和帮助，用户根据需要单击不同的命令即可。

在工作区中显示的是各个工作区的名称，单击对应的名称可以快速切换界面布局。在工作区中单击"主页"按钮 🏠，即可快速切换至主页界面；单击"快速导出"按钮 📤，即可在弹出的面板中设置视频的文件名和位置，以及视频的输出品质等，待设置完成后，单击"导出"按钮即可将视频渲染导出。

"工具箱"面板提供了选择工具 ▶、向前选择轨道工具 ⊞、波纹编辑工具 ⬌、剃刀工具 ◆、外滑工具 ↔、钢笔工具 ✏、手形工具 ✋、文字工具 T 这八种工具，能够满足用户的编辑需求。

启动 Adobe Premiere Pro 2022 软件并任意打开一个项目文件后，"项目"面板会显示当前项目包含的所有素材；而此时默认的"监视器"面板分为"源监视器"和"节目监视器"两部分。

界面中面板的显示模式有两种：分别是系统默认显示模式和浮动窗口模式。图 1-52 所示为"节目监视器"面板默认显示模式和浮动窗口模式，默认显示模式是嵌入式的，看上去跟其他面板镶嵌在一块儿；浮动窗口模式则是悬浮在各个面板的上方，通过拖动的方式，可以随意移动面板的位置。

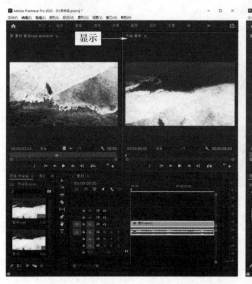

（a）"节目监视器"面板默认显示模式　　（b）"节目监视器"面板浮动窗口模式

图 1-52　面板的两种显示模式

1.2.2 新建项目文件

扫码看视频

在 Premiere 中，用户需要先创建一个工作项目文件，才能导入素材并进行剪辑。

当用户启动 Adobe Premiere Pro 2022 后，系统将自动弹出"主页"对话框，如图 1-53 所示，此时单击"新建项目"按钮，即可创建一个新的项目。

图 1-53 "主页"对话框

用户除了通过"主页"对话框新建项目外，也可以进入 Premiere 主界面中，通过"文件"菜单进行创建。

在 Premiere 中，通过"文件"菜单创建新项目的操作方法如下。

▶▶ STEP01 打开 Adobe Premiere Pro 2022，在主界面中单击"文件"|"新建"|"项目"命令，如图 1-54 所示。

▶▶ STEP02 弹出"新建项目"对话框，单击"浏览"按钮，如图 1-55 所示。

图 1-54 单击"项目"命令

图 1-55 单击"浏览"按钮

▶▶ STEP03 弹出"请选择新项目的目标路径。"对话框，❶选择合适的文件夹；❷单击"选择文件夹"按钮，如图 1-56 所示。

▶▶ STEP04 回到"新建项目"对话框，❶设置相应的项目名称；❷单击"确定"按钮，如图 1-57 所示。

▶▶ STEP05 执行操作后，即可进入创建的项目界面，但一个完整的项目文件还需要新建一个序列，在主界面中单击"文件"|"新建"|"序列"命令，如图 1-58 所示。

▶▶ STEP06 弹出"新建序列"对话框，单击"确定"按钮，如图 1-59 所示，即可使用"文件"菜单创建项目文件。

图 1-56　单击"选择文件夹"按钮

图 1-57　单击"确定"按钮（1）

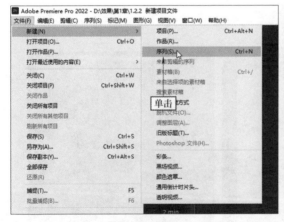

图 1-58　单击"序列"命令

图 1-59　单击"确定"按钮（2）

1.2.3　素材的导入与导出

扫码看效果

在 Premiere 中，用户可以通过文件夹来进行素材的导入，再单击"快速导出"按钮 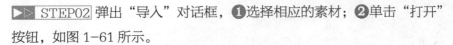 来进行视频的导出。视频效果与 1.1.3 的效果相同。

扫码看视频

在 Premiere 中，导入与导出素材的操作方法如下。

▶▶ STEP01 新建一个项目文件，单击"文件"|"导入"命令，如图 1-60 所示。

▶▶ STEP02 弹出"导入"对话框，❶选择相应的素材；❷单击"打开"按钮，如图 1-61 所示。

图 1-60　单击"导入"命令

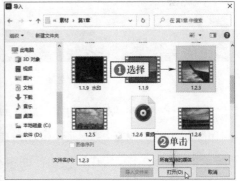

图 1-61　单击"打开"按钮

▶▶ STEP03 执行操作后，即可在"项目"面板中导入素材，通过拖动的方式，将它拖动至"时间轴"面板中，如图 1-62 所示。

▶▶ STEP04 将素材的时长调整为 00：00：10：00，如图 1-63 所示。

图 1-62　将素材拖动至"时间轴"面板

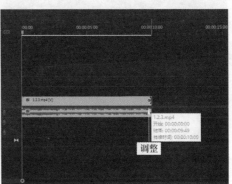

图 1-63　调整素材时长

▶▷ STEP05 ❶在工作区中单击"快速导出"按钮🔼；❷在弹出的面板中单击"文件名和位置"下方的蓝色超链接，如图 1-64 所示，弹出"另存为"对话框。

▶▷ STEP06 ❶在其中设置文件名和保存位置；❷单击"保存"按钮，如图 1-65 所示。

图 1-64 单击蓝色超链接　　　　　图 1-65 单击"保存"按钮

▶▷ STEP07 返回"快速导出"面板，❶单击"预设"下方的下拉按钮；❷在弹出的列表框中选择"高品质 1080p HD"选项，如图 1-66 所示。

▶▷ STEP08 单击"导出"按钮，如图 1-67 所示，即可将视频导出。

图 1-66 选择"高品质 1080p HD"选项　　　图 1-67 单击"导出"按钮

扫码看视频

1.2.4 掌握缩放轨道的方法

在编辑影片时，由于素材的尺寸长短不一，常常需要通过时间标尺栏上的控制条来调整项目尺寸的长短。这里接着 1.2.3 的内容介绍在

Premiere 中缩放轨道的操作方法。

▶▶ STEP01 将鼠标移至时间标尺栏下方的控制条上，向左拖动控制条右侧的
圆环按钮，即可加长项目的尺寸，如图 1-68 所示。

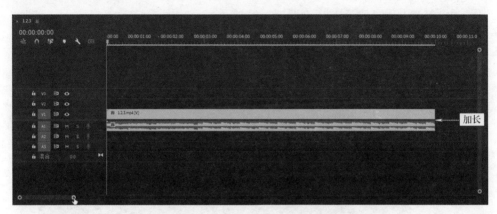

图 1-68　加长项目的尺寸

▶▶ STEP02 向右拖动控制条右侧的圆环按钮，即可缩短项目的尺寸，如
图 1-69 所示。

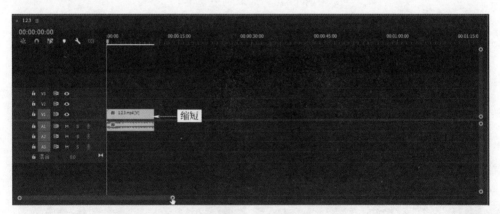

图 1-69　缩短项目的尺寸

1.2.5　分割和删除素材

在 Premiere 中，用户需要运用剃刀工具来对素材进行分割，并通过
"编辑" | "清除" 命令或【Delete】键删除不需要的素材。视频效果与

扫码看效果

扫码看视频

1.1.5 的效果相同。

在 Premiere 中，分割和删除素材的操作方法如下。

▶▷ STEP01 打开一个项目文件，❶拖动时间指示器至 8s 的位置；❷在"工具箱"面板中选取剃刀工具，如图 1-70 所示。

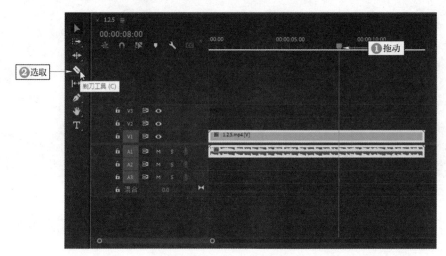

图 1-70　选取剃刀工具

▶▷ STEP02 在时间指示器的位置上右击，即可分割素材，如图 1-71 所示。

▶▷ STEP03 在"工具箱"面板中选取选择工具，如图 1-72 所示。

图 1-71　分割素材　　　　　　　　　图 1-72　选取选择工具

▶▷ STEP04 在"时间轴"面板中选择分割出的前半段素材，单击"编辑"|"清除"命令，如图 1-73 所示，删除不需要的素材。

▶▷ STEP05 在"时间轴"面板中调整剩下素材的位置，如图 1-74 所示，即可完成素材的分割和删除。

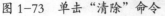

图 1-73　单击"清除"命令　　　　图 1-74　调整素材的位置

1.2.6　组合视音素材

在 Premiere 中，用户可以通过"链接"的方式将单独的视频素材和音频素材组合起来。视频效果与 1.1.6 的效果相同。

扫码看效果

在 Premiere 中，组合视音素材的操作方法如下。

▶▶ STEP01 新建一个项目文件，在"项目"面板中导入相应的视频素材和音频素材，如图 1-75 所示。

扫码看视频

▶▶ STEP02 将视频素材拖动至"时间轴"面板中，❶在视频素材上右击；❷在弹出的快捷菜单中选择"取消链接"选项，如图 1-76 所示。

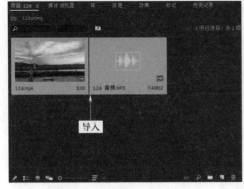
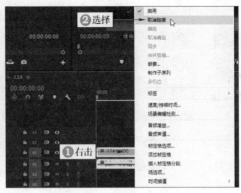

图 1-75　导入相应的素材　　　　图 1-76　选择"取消链接"选项

▶▶ STEP03 执行操作后，即可取消视频和音频的链接，此时可以单独对视频或音频进行编辑，❶在音频上右击；❷在弹出的快捷菜单中选择"清除"选项，如图 1-77 所示，即可删除视频原有的音频。

▶▶ STEP04 将准备好的音频素材拖动至 A1 轨道，同时选中视频素材和音频素材，❶在任意素材上右击；❷在弹出的快捷菜单中选择"链接"选项，如图 1-78 所示，即可将视频和音频组合起来。

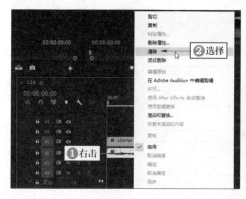 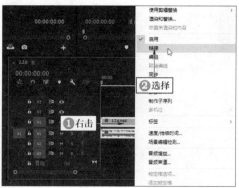

图 1-77　选择"清除"选项　　　　　　图 1-78　选择"链接"选项

1.2.7　倒放视频素材

扫码看效果

扫码看视频

对素材进行倒放可以让前进的车辆倒退、落下的夕阳再升起，给人一种时光能够倒流、一切可以重来的感觉。视频效果与 1.1.7 的效果相同。

在 Premiere 中，倒放视频素材的操作方法如下。

▶▶ STEP01 新建一个项目文件，导入视频素材，并将视频素材拖动至"时间轴"面板中，如图 1-79 所示。

▶▶ STEP02 ❶在视频素材上右击；❷在弹出的快捷菜单中选择"取消链接"选项，如图 1-80 所示，取消视频与音频的链接。

▶▶ STEP03 ❶继续在视频素材上右击；❷在弹出的快捷菜单中选择"速度／持续时间"选项，如图 1-81 所示。

▶▶ STEP04 执行操作后，弹出"剪辑速度／持续时间"对话框，❶选中"倒放速度"复选框；❷单击"确定"按钮，如图 1-82 所示，即可对视频进行倒放处理。

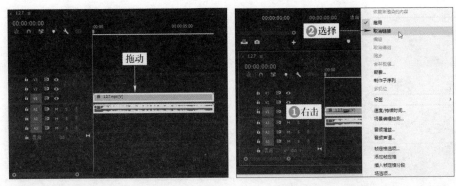

图 1-79　将素材拖动至"时间轴"面板中　　图 1-80　选择"取消链接"选项

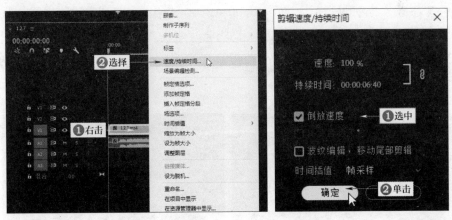

图 1-81　选择"速度 / 持续时间"选项　　图 1-82　单击"确定"按钮

1.2.8　标记素材的入、出点

标记素材的入点和出点可以不经过分割和删除操作就能轻松导出想要的视频片段。视频效果与 1.1.8 的效果相同。

在 Premiere 中，标记视频入、出点的操作方法如下。

▶▶ STEP01 新建一个项目文件，并导入相应素材，❶将视频素材拖动至"时间轴"面板中；❷拖动时间指示器至 00：00：05：00 的位置，如图 1-83 所示。

▶▶ STEP02 在"节目监视器"面板的左下方单击"标记入点"按钮▐，如图 1-84 所示，即可设置素材的入点。

扫码看效果

扫码看视频

29

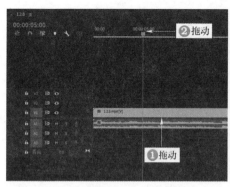 

图 1-83　拖动时间指示器至相应位置　　　图 1-84　单击"标记入点"按钮

▶▶ STEP03 拖动时间指示器至 00:00:12:00 的位置，在"节目监视器"面板的左下方单击"标记出点"按钮，如图 1-85 所示，即可设置素材的出点。

▶▶ STEP04 执行操作后，在"节目监视器"面板的右下方显示了当前"入点 / 出点持续时间"，如图 1-86 所示。

图 1-85　单击"标记出点"按钮　　　图 1-86　显示当前"入点 / 出点持续时间"

1.2.9　复制和粘贴素材

扫码看效果

扫码看视频

在 Premiere 中，用户可以根据需要将素材复制一份并粘贴至相应位置，素材上设置的效果也会一同被复制。视频效果与 1.1.9 的效果相同。

在 Premiere 中，复制和粘贴素材的操作方法如下。

▶▶ STEP01 新建一个项目文件，导入视频素材和水印素材，将视频素材添加到 V1 轨道，将水印素材添加到 V2 轨道，如图 1-87 所示。

▶▷ STEP02 选择水印素材，❶在"效果控件"面板中单击"混合模式"右侧的下拉按钮；❷在弹出的列表框中选择"滤色"选项，如图 1-88 所示，去除水印素材中的黑色，使视频素材显示出来。

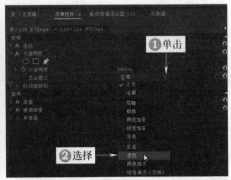

图 1-87　将素材添加到相应轨道　　　　　图 1-88　选择"滤色"选项

▶▷ STEP03 ❶在"时间轴"面板中分别单击 V1 和 A1 轨道前方的"切换轨道锁定"按钮 🔒，将这两条轨道锁定；❷拖动时间指示器至水印素材的结束位置，如图 1-89 所示。

▶▷ STEP04 选择水印素材，单击"编辑"|"复制"命令，如图 1-90 所示，将其进行复制。

▶▷ STEP05 单击"编辑"|"粘贴"命令，如图 1-91 所示。

▶▷ STEP06 执行操作后，即可完成水印素材的粘贴，如图 1-92 所示。

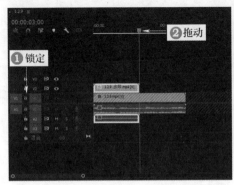

图 1-89　拖动时间指示器至相应位置　　　　图 1-90　单击"复制"命令

>> 专家指点 >>>>>>.. .>>>> .>>>

由于"时间轴"面板中存在多条轨道，为了避免复制的素材被粘贴到错误的轨道，就需要单击"切换轨道锁定"按钮 🔒 将其他轨道进行锁定，只留下需要进行操作的轨道。操作完成后，单击被锁定轨道前方的"切换轨道锁定"按钮 🔒 即可进行解锁。

图 1-91　单击"粘贴"命令

图 1-92　完成水印素材的粘贴

第 . **2** . 章

变速：设置视频的播放速度

对视频进行变速处理，既可以调整视频的总时长；又可以有选择性地将某段视频的播放速度变快或变慢，从而吸引观众的注意；还可以通过调整视频的播放速度来实现画面的转换和运动。本章将分别介绍在剪映电脑版和 Premiere 中的变速操作。

2.1 剪映中的变速操作

在剪映中，"变速"功能能够改变视频的播放速度，让视频画面更加动感。剪映的"变速"功能有"常规变速"和"曲线变速"两种模式。在改变视频的播放速度时，视频的时长也会随之改变。另外，用户可以将不同的变速效果组合使用，制作富有变化的视频效果。

2.1.1 设置常规变速

扫码看效果

扫码看视频

【效果展示】在剪映中，运用"常规变速"功能可以对视频的播放倍数进行设置，也可以通过设置视频的总时长来调整播放速度，效果如图 2-1 所示。

图 2-1　效果展示

在剪映电脑版中，为视频设置常规变速的操作方法如下。

▶▷ STEP01 在"本地"选项卡中导入素材，单击视频素材右下角的"添加到轨道"按钮 ，如图 2-2 所示，即可将素材添加到视频轨道中。

▶▷ STEP02 ❶在视频上右击；❷在弹出的快捷菜单中选择"分离音频"选项，如图 2-3 所示。

▶▷ STEP03 执行操作后，即可将视频中的背景音乐分离出来，如图 2-4 所示。

▶▷ STEP04 选择视频素材，❶切换至"变速"操作区；❷在"常规变速"选项卡中的"倍数"文本框中输入参数 2.5x，如图 2-5 所示，按【Enter】键确认。

图 2-2　单击"添加到轨道"按钮

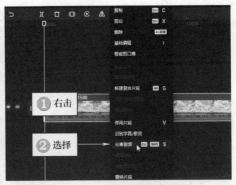

图 2-3　选择"分离音频"选项

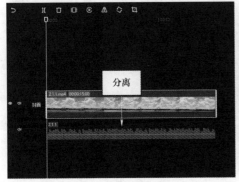

图 2-4　分离背景音乐

图 2-5　输入"倍数"参数

▶▶ STEP05 执行操作后，即可对视频进行变速处理，在时间线面板中可以看到视频的时长变短了，如图 2-6 所示。

▶▶ STEP06 调整背景音乐的时长，使其与加速后的视频时长保持一致，如图 2-7 所示。

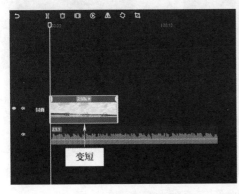

图 2-6　视频的时长变短

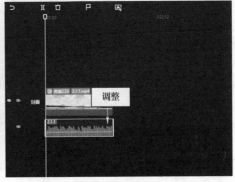

图 2-7　调整背景音乐的时长

2.1.2　添加蒙太奇变速效果

扫码看效果

扫码看视频

【效果展示】在剪映中，"曲线变速"功能提供了七种变速效果，用户可以自由选择和调整变速效果，使视频根据自己的需求时快时慢，效果如图 2-8 所示。

图 2-8　效果展示

在剪映电脑版中，为视频添加蒙太奇变速效果的操作方法如下。

▶▷ STEP01 将素材添加到视频轨道中，❶在视频上右击；❷在弹出的快捷菜单中选择"分离音频"选项，如图 2-9 所示，即可将视频中的背景音乐分离出来。

▶▷ STEP02 ❶单击"变速"按钮，进入"变速"操作区；❷切换至"曲线变速"选项卡；❸选择"蒙太奇"选项，如图 2-10 所示。

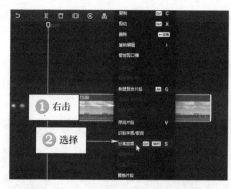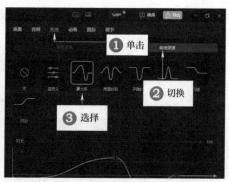

图 2-9　选择"分离音频"选项　　　图 2-10　选择"蒙太奇"选项

▶▷ STEP03 ❶将第 1 个和第 2 个变速点拖动至第 2 条线的位置上；❷将第 3 个变速点拖动至第 5 条线的位置上；❸将第 4 个变速点拖动至第 1 条线的位置上；❹将第 5 个和第 6 个变速点拖动至第 4 条线的位置上；❺选中"智能补帧"复选框，如图 2-11 所示，即可调整和完善蒙太奇变速的效果。

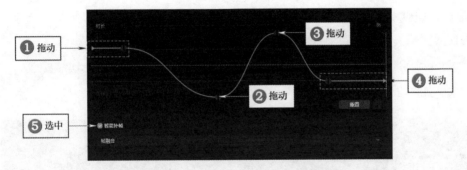

图 2-11　选中"智能补帧"复选框

▶▷ STEP04 调整音频的时长，使其与视频时长保持一致，如图 2-12 所示。

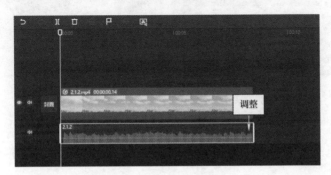

图 2-12　调整音频的时长

2.1.3　制作变速转场

【效果展示】运用"曲线变速"功能可以制作出无缝转场效果，让视频之间的过渡变得更加自然、流畅，效果如图 2-13 所示。

扫码看效果

扫码看视频

图 2-13　效果展示

在剪映电脑版中，制作变速转场的操作方法如下。

▶▷ STEP01 在"本地"选项卡中导入两段视频素材和一段音频素材，将视频素材依次导入视频轨道中，选择第 1 段素材，如图 2-14 所示。

▶▷ STEP02 ❶切换至"变速"操作区；❷在"曲线变速"选项卡中选择"闪出"选项，如图 2-15 所示。

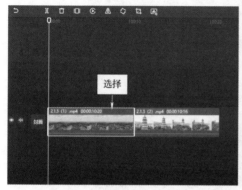
图 2-14　选择第 1 段素材

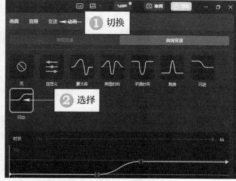
图 2-15　选择"闪出"选项

▶▷ STEP03 ❶向前移动第 2 个变速点，调整其位置；❷将第 3 个和第 4 个变速点拖动至第 1 条线的位置上，如图 2-16 所示，即可加快视频中后部分的播放速度。

▶▷ STEP04 选择第 2 段素材，❶在"曲线变速"选项卡中选择"闪进"选项；❷将第 1 个变速点拖动至第 1 条线的位置上；❸调整第 2 个和第 3 个变速点的位置，如图 2-17 所示，加快视频前半段的播放速度。

▶▷ STEP05 拖动时间指示器至视频起始位置，单击音频素材右下角的"添加到轨道"按钮➕，为视频添加背景音乐，如图 2-18 所示。

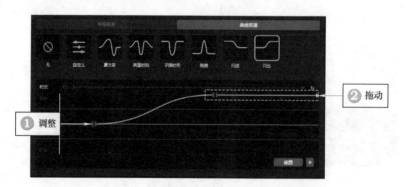
图 2-16　拖动变速点至相应位置

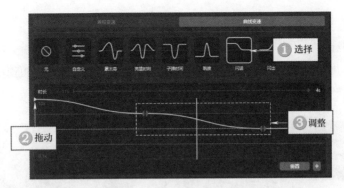

图 2-17　调整变速点的位置

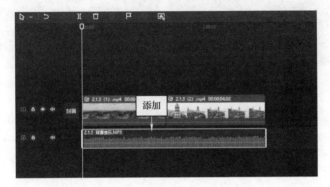

图 2-18　添加背景音乐

2.1.4　制作变速卡点

【效果展示】在剪映中，运用"常规变速"功能为不同的视频片段设置不同的播放速度，配合卡点音乐、滤镜和调节效果，即可制作出快慢分明的变速卡点视频，效果如图 2-19 所示。

扫码看效果

扫码看视频

图 2-19　效果展示

在剪映电脑版中，制作变速卡点的操作方法如下。

▶▷ STEP01 在"本地"选项卡中导入视频素材和音频素材，单击视频素材右下角的"添加到轨道"按钮➕，如图 2-20 所示，即可将素材添加到视频轨道中。

▶▷ STEP02 用与上相同的方法，将音频素材添加到音频轨道中，如图 2-21 所示。

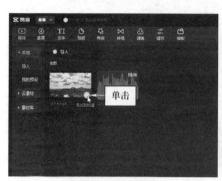 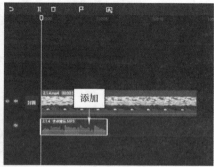

图 2-20　单击"添加到轨道"按钮（1）　图 2-21　将音频添加到音频轨道

▶▷ STEP03 ❶拖动时间指示器至第 1 个节拍点的位置；❷在时间线面板的左上方单击"手动踩点"按钮🏳，如图 2-22 所示，即可标出第 1 个节拍点，音频上会显示一个小黄点。

▶▷ STEP04 用与上相同的方法，再标记出其他 3 个节拍点，如图 2-23 所示。

▶▷ STEP05 选择视频素材，❶切换至"变速"操作区；❷在"常规变速"选项卡中设置"倍数"参数为 4.5x，如图 2-24 所示，调整视频的播放速度。

▶▷ STEP06 ❶拖动时间指示器至第 1 个节拍点的位置；❷单击"分割"按钮Ⅱ，如图 2-25 所示。

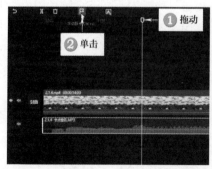 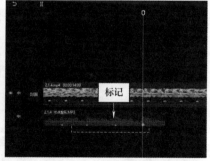

图 2-22　单击"手动踩点"按钮　　图 2-23　标记其他的节拍点

>> 专家指点 >>>>>>.. .>>> .>>>

　　想制作一个动感十足的卡点视频，最重要的一步就是找准音乐的节拍点。用户在前期准备时尽可能找那些节奏明显的音乐来制作视频，并且要将卡点音乐多听几遍，以便可以又快、又准地找到节拍点进行标记。

　　在标记节拍点的过程中，用户如果发现标错了，可以拖动时间指示器至错误的节拍点上，单击"删除踩点"按钮█，将其删除；也可以单击"清空踩点"按钮█，删除所有标记的节拍点，重新进行标记。

图 2-24　设置"倍数"参数　　　　图 2-25　单击"分割"按钮

▶▶ STEP07 在"常规变速"选项卡中，❶设置后半段视频的"倍数"参数为0.5x；❷选中"智能补帧"复选框，如图 2-26 所示，制作慢速播放效果。

▶▶ STEP08 在第 2 个节拍点的位置对素材进行分割处理，如图 2-27 所示。

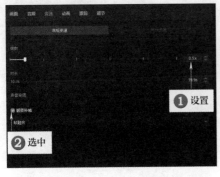
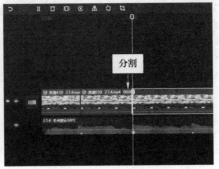

图 2-26　选中"智能补帧"复选框　　图 2-27　对素材进行分割

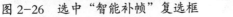 STEP09 用与上相同的方法，调整视频的播放速度，并在节拍点的位置进

行分割，制作剩下两段变速效果，调整卡点音乐的时长，使其与视频时长保持一致，如图 2-28 所示。

▶▶ STEP10 拖动时间指示器至第 1 个节拍点的位置，❶切换至 "滤镜" 功能区；❷展开 "影视级" 选项卡；❸单击 "青橙" 滤镜右下角的 "添加到轨道" 按钮 ➕，如图 2-29 所示，添加一个滤镜。

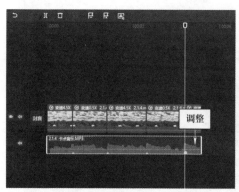
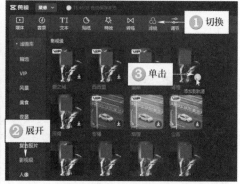

图 2-28　调整音乐的时长　　　　图 2-29　单击 "添加到轨道" 按钮（2）

▶▶ STEP11 将滤镜的时长调整为与第 2 段素材的时长一致，如图 2-30 所示。

▶▶ STEP12 用与上相同的方法，为第 4 段素材添加一个 "青橙" 滤镜，并调整滤镜的时长，如图 2-31 所示，即可完成卡点视频的制作。

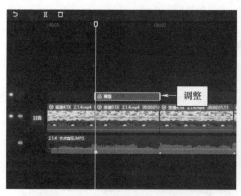
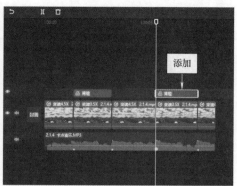

图 2-30　调整滤镜的时长　　　　图 2-31　添加 "青橙" 滤镜

2.2 Premiere 中的变速操作

在 Premiere 中，用户可以通过"速度 / 持续时间"功能来调整视频的播放速度。本节主要介绍设置视频播放速度和制作变速卡点的操作方法。

2.2.1 设置视频的播放速度

每一个素材都具有特定的播放速度，用户可以通过调整视频素材的播放速度来制作快镜头或慢镜头效果。视频效果与 2.1.1 的效果相同。

扫码看效果

在 Premiere 中，设置视频播放速度的操作方法如下。

▶▷ STEP01 打开一个项目文件，❶在 V1 轨道的视频素材上右击；❷在弹出的快捷菜单中选择"取消链接"选项，如图 2-32 所示，将音频独立出来。

扫码看视频

▶▷ STEP02 ❶继续在 V1 轨道的视频素材上右击；❷在弹出的快捷菜单中选择"速度 / 持续时间"选项，如图 2-33 所示。

图 2-32 选择"取消链接"选项

图 2-33 选择"速度 / 持续时间"选项

▶▷ STEP03 弹出"剪辑速度 / 持续时间"对话框，❶设置"速度"参数为 250%；❷单击"确定"按钮，如图 2-34 所示，即可将视频的播放速度调快，并缩短视频的时长。

▶▷ STEP04 将音频的时长调整为与视频的时长一致，如图 2-35 所示。

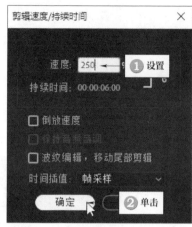

图 2-34　单击"确定"按钮

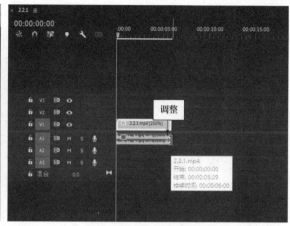

图 2-35　调整音频的时长

扫码看效果

扫码看视频

2.2.2　制作变速卡点

【效果展示】在 Premiere 中，用户可以在音频的节拍点上添加标记，并根据标记进行视频的变速与分割，从而制作富有快慢变化的卡点视频，效果如图 2-36 所示。

图 2-36　效果展示

在 Premiere 中，制作变速卡点的操作方法如下。

▶▷ STEP01 打开一个项目文件，选择音频素材，❶拖动时间指示器至第 1 个节拍点的位置；❷在"时间轴"面板中单击"添加标记"按钮█，如图 2-37所示。

▶▷ STEP02 执行操作后，即可在音频上添加一个绿色标记，用与上相同的方法，再添加其他 3 个绿色标记，如图 2-38 所示。

图 2-37　单击"添加标记"按钮

图 2-38　添加其他标记

▶▶ STEP03 ❶在 V1 轨道的视频素材上右击；❷在弹出的快捷菜单中选择 "速度 / 持续时间"选项，如图 2-39 所示。

▶▶ STEP04 弹出"剪辑速度 / 持续时间"对话框，❶设置"速度"参数为 350%；❷单击"确定"按钮，如图 2-40 所示，加快视频的播放速度。

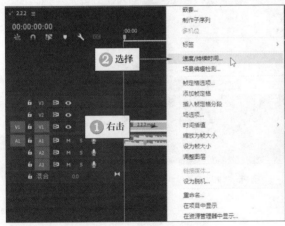

图 2-39　选择"速度 / 持续时间"选项　　图 2-40　单击"确定"按钮（1）

▶▶ STEP05 ❶在"工具箱"面板中选取剃刀工具 ◥；❷在第 1 个标记点的位置单击，如图 2-41 所示，对视频进行分割。

▶▶ STEP06 ❶设置后半段视频的"速度"参数为 50%；❷单击"确定"按钮，如图 2-42 所示。

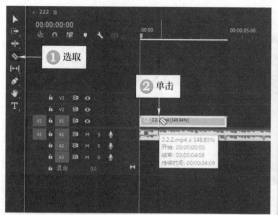 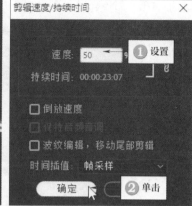

图 2-41　单击第 1 个标记点　　　图 2-42　单击"确定"按钮（2）

▶▷ STEP07 选取剃刀工具 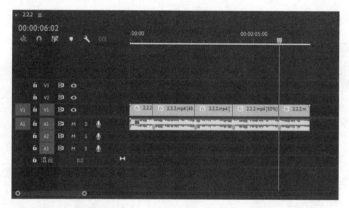，在第 2 个标记点的位置对视频进行分割，用与上相同的方法，根据标记点的位置对视频进行变速和分割处理，即可完成卡点视频的制作，效果如图 2-43 所示。

图 2-43　完成卡点视频的制作

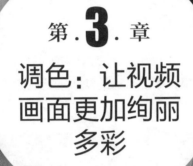

第 . **3** . 章

调色：让视频画面更加绚丽多彩

如今人们的欣赏眼光越来越高，喜欢追求更有创造性的短视频作品。因此，在后期对短视频的色调进行处理时，不仅要突出画面主体，还需要表现出适合主题的艺术气息，实现完美的色调视觉效果。本章主要介绍在剪映电脑版和在 Premiere 中调出心仪色调的多种方法。

3.1 剪映中的调色操作

剪映拥有风格多样、种类丰富的滤镜库，用户可以根据需求任意挑选。不过滤镜并不是万能的，不能适配所有画面，因此，用户还可以通过添加调节来调整视频画面的色彩。除了滤镜和调节，用户还可以通过色卡和 LUT 来调出想要的色调。

3.1.1 添加青橙滤镜

扫码看效果

扫码看效果

扫码看视频

【效果展示】用户为视频添加滤镜时，可以多尝试几个滤镜，然后挑选最佳的滤镜效果，添加合适的滤镜能让画面焕然一新。调色前后对比如图 3-1 所示。

图 3-1　调色前后对比

在剪映电脑版中，添加"青橙"滤镜的操作方法如下。

▶▶ STEP01 在"本地"选项卡中导入素材，单击视频素材右下角的"添加到轨道"按钮 ，如图 3-2 所示，即可将素材添加到视频轨道中。

▶▶ STEP02 ❶单击"滤镜"按钮，进入"滤镜"功能区；❷切换至"影视级"选项卡；❸单击"月升之国"滤镜右下角的"添加到轨道"按钮 ，如图 3-3 所示。

▶▶ STEP03 执行操作后，即可为视频添加一个滤镜，并在"播放器"面板中查看画面效果，如图 3-4 所示。

▶▶ STEP04 由于添加滤镜后的画面显得灰暗，可以单击时间线面板中的"删除"按钮 ，如图 3-5 所示，即可删除添加的滤镜。

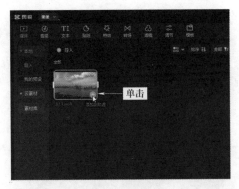

图 3-2　单击"添加到轨道"按钮（1）

图 3-3　单击"添加到轨道"按钮（2）

图 3-4　查看画面效果

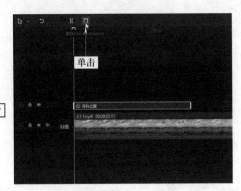

图 3-5　单击"删除"按钮

▶▶ STEP05 在"影视级"选项卡中单击"青橙"滤镜右下角的"添加到轨道"按钮 ➕，如图 3-6 所示，即可为视频添加新的滤镜。

▶▶ STEP06 在滤镜轨道按住"青橙"滤镜右侧的白色拉杆并向右拖动，调整滤镜的持续时长，使其与视频时长保持一致，如图 3-7 所示。

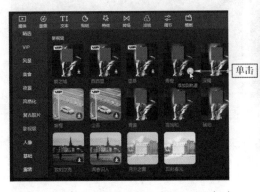

图 3-6　单击"添加到轨道"按钮（3）

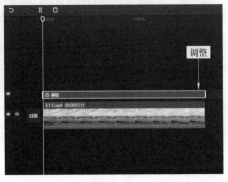

图 3-7　调整滤镜的持续时长

扫码看效果

扫码看效果

扫码看视频

3.1.2 运用调节效果调出冷蓝色调

【效果展示】有些视频自身的画面色彩已经很好看了，用户可以为视频添加调节效果，通过设置一些调节参数，优化画面色彩。调色前后对比如图 3-8 所示。

图 3-8 调色前后对比

在剪映电脑版中，运用调节效果调出冷蓝色调的操作方法如下。

▶▷ STEP01 在"本地"选项卡中导入素材，单击视频素材右下角的"添加到轨道"按钮➕，如图 3-9 所示，即可将素材添加到视频轨道中。

▶▷ STEP02 ❶切换至"调节"功能区；❷在"调节"选项卡中单击"自定义调节"选项右下角的"添加到轨道"按钮➕，如图 3-10 所示，即可为视频添加调节效果。

图 3-9 单击"添加到轨道"按钮（1）　　图 3-10 单击"添加到轨道"按钮（2）

▶▷ STEP03 在"调节"操作区中拖动滑块，设置"色温"参数为 −15，如图 3-11 所示，让画面偏冷色调。

▶▷ STEP04 设置"饱和度"参数为 15，如图 3-12 所示，使画面色彩更浓郁。

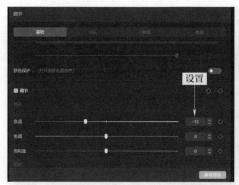

图 3-11　设置"色温"参数

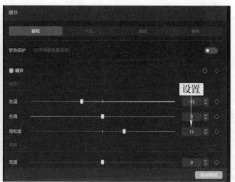

图 3-12　设置"饱和度"参数

>> 专家指点 >>>>>>.. .>>>> .>>>

　　在"调节"操作区中设置参数时，如果用户不确定要设置多少数值，可以拖动相应参数右侧的滑块，根据"播放器"面板中的画面效果来不断调整数值；如果用户已经知道了具体的数值，可以直接在相应参数右侧的文本框中输入数值，这样更节省时间。

▶▶ STEP05 设置"亮度"参数为 4，如图 3-13 所示，提高画面的整体亮度。

▶▶ STEP06 设置"对比度"参数为 5，如图 3-14 所示，提高画面中的明暗对比度。

▶▶ STEP07 设置"阴影"参数为 -5，如图 3-15 所示，让画面中的暗处更暗一些。

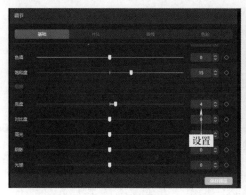

图 3-13　设置"亮度"参数

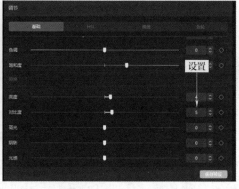

图 3-14　设置"对比度"参数

▶▶ STEP08 设置"光感"参数为 -5，如图 3-16 所示，降低画面的光线亮度。

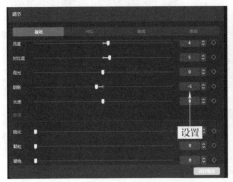 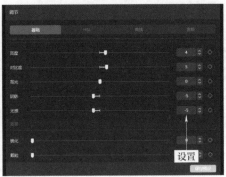

图 3-15　设置"阴影"参数　　　　图 3-16　设置"光感"参数

▶▶ STEP09 设置"锐化"参数为 10，如图 3-17 所示，提高画面的清晰度。

▶▶ STEP10 按住"调节 1"效果右侧的白色拉杆并向右拖动，调整调节的时长，使其与视频时长保持一致，如图 3-18 所示。

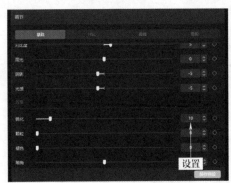 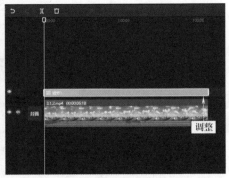

图 3-17　设置"锐化"参数　　　　图 3-18　调整调节的时长

3.1.3　运用色卡调出宝丽来色调

扫码看效果

扫码看效果

扫码看视频

【效果展示】色卡调色是非常流行的一种调色方法，不需要添加滤镜和设置调节参数，利用各种颜色的色卡就能调出相应的色调。例如，使用白色和蓝色两张色卡就可以轻松地调出宝丽来色调，这种色调来源于宝丽来胶片相机，非常适合用于人像视频中，能让暗黄的皮肤变得通透自然。调色前后对比如图 3-19 所示。

图 3-19　调色前后对比

在剪映电脑版中，运用色卡调出宝丽来色调的操作方法如下。

▶▶ STEP01 在"本地"选项卡中导入视频素材和两张色卡素材，❶将视频素材添加到视频轨道中；❷将两张色卡素材分别拖动至画中画轨道，如图 3-20 所示。

▶▶ STEP02 在"播放器"面板中调整两张色卡素材的画面大小，使其覆盖视频画面，如图 3-21 所示。

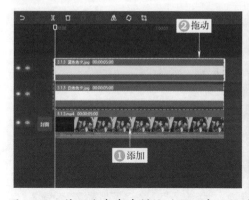 

图 3-20　将两张色卡素材拖动至画中画轨道　图 3-21　调整两张色卡素材的大小

>> 专家指点 >>>>>>.. .>>>> .>>>

　　色卡调色的优点在于只需要使用色卡就能为画面定调，减少了设置参数的过程，多张色卡还可以叠加使用，非常灵活方便。

▶▶ STEP03 选择白色色卡素材，在"画面"操作区的"基础"选项卡中，

❶设置"混合模式"为"柔光"模式；❷拖动滑块，设置"不透明度"参数为 50%，如图 3-22 所示。

▶▶ STEP04 选择蓝色色卡素材，在"画面"操作区的"基础"选项卡中，❶设置"混合模式"为"柔光"模式；❷拖动滑块，设置"不透明度"参数为 30%，如图 3-23 所示，即可完成色卡调色。

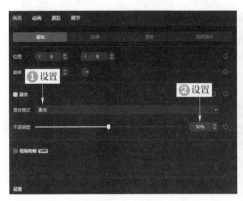 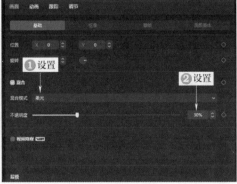

图 3-22　设置"不透明度"参数（1）　　图 3-23　设置"不透明度"参数（2）

3.1.4　运用 LUT 调出复古色调

扫码看效果

扫码看效果

扫码看视频

【效果展示】在调色网站中可以下载 LUT 文件，下载到电脑中之后，就可以把 LUT 文件导入剪映中，之后就可以应用 LUT 工具调色了。调出复古色调前后对比如图 3-24 所示。

图 3-24　调出复古色调前后对比

在剪映电脑版中，运用 LUT 调出复古色调的操作方法如下。

▶▶ STEP01 在剪映电脑版中导入视频，单击视频素材右下角的"添加到轨道"

按钮 ➕，如图 3-25 所示，将视频素材添加到视频轨道中。

▶▷ STEP02 ❶切换至"调节"功能区；❷展开 LUT 选项卡；❸单击"导入"按钮，如图 3-26 所示。

▶▷ STEP03 弹出"请选择 LUT 资源"对话框，❶全选相应文件夹中的 LUT 文件；❷单击"打开"按钮，如图 3-27 所示。

▶▷ STEP04 执行操作后，即可将 LUT 文件导入 LUT 选项卡中，单击"韩系蓝色 .3dl"右下角的"添加到轨道"按钮 ➕，如图 3-28 所示，即可应用 LUT。

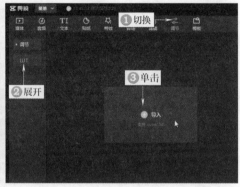

图 3-25　单击"添加到轨道"按钮（1）　　图 3-26　单击"导入"按钮

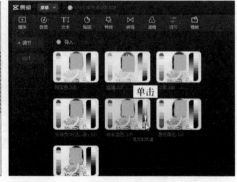

图 3-27　单击"打开"按钮　　图 3-28　单击"添加到轨道"按钮（2）

▶▷ STEP05 调整"调节 1"效果的时长，使其与视频时长保持一致，如图 3-29 所示。

▶▷ STEP06 在"调节"操作区中，设置 LUT 的"强度"参数为 85，减淡 LUT 的效果，如图 3-30 所示。

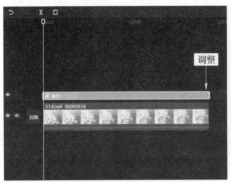 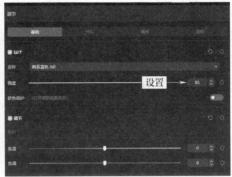

图 3-29 调整"调节 1"效果的时长　　　图 3-30 设置"强度"参数

▶▶ STEP07 设置"色温"参数为 −10、"饱和度"参数为 6、"亮度"参数为 −5、"高光"参数为 −5、"阴影"参数为 −5、"光感"参数为 −10，如图 3-31 所示，调整画面的色彩和明度，优化画面细节。

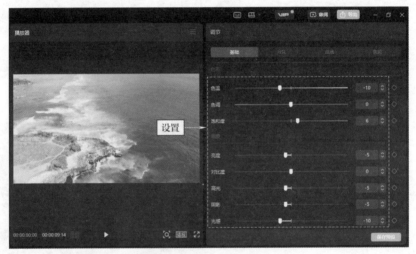

图 3-31 设置相应的参数

3.2 Premiere 中的调色操作

在 Premiere Pro 2022 中编辑视频时，不仅可以通过"Lumetri 颜色"面板中的各项调色功能来调整视频的色彩，还可以通过各种视频效果来校正视频画面的色彩。

3.2.1　运用基本校正选项调出翠绿色调

【效果展示】在"Lumetri 颜色"面板中有一个"基本校正"选项，在这里用户可以根据需要调整视频的色温、色彩、亮度、对比度及饱和度等，使制作的视频画面色彩更加明亮、绚丽、好看。调色前后对比如图 3-32 所示。

扫码看效果

扫码看效果

扫码看视频

图 3-32　调色前后对比

在 Premiere 中，运用基本校正调出翠绿色调的操作方法如下。

▶▷ STEP01 打开一个项目文件，选择视频素材，在工作区中单击"颜色"按钮，如图 3-33 所示，即可切换至"颜色"界面。

▶▷ STEP02 在"颜色"界面的右侧是"Lumetri 颜色"面板，在面板中单击"基本校正"选项，将其展开，如图 3-34 所示。

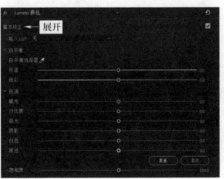

图 3-33　单击"颜色"按钮　　　　图 3-34　展开"基本校正"选项

▶▷ STEP03 在"基本校正"选项中，设置"色彩"参数为 -35.0、"曝光"参数为 -0.5、"对比度"参数为 15.0、"高光"参数为 -3.0、"阴影"参数为 -5.0、"白色"参数为 3.0、"黑色"参数为 -10.0、"饱和度"参数为 120.0，如图 3-35 所示，降低画面的曝光，加深画面中的绿色。

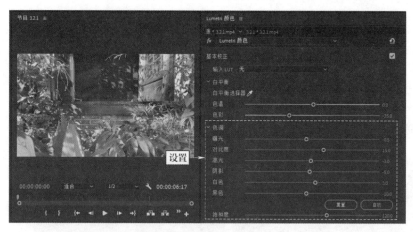

图 3-35　设置相应参数

>> 专家指点 >>>>>>.. .>>>> .>>>

　　在"基本矫正"选项中设置参数时，用户可以通过拖动滑块来设置相应的参数；也可以单击右侧的数字，使其变成可编辑状态，输入具体的数值；还可以单击"自动"按钮，系统会根据素材情况自动设置"色调"部分的参数，用户在此基础上再进行调整即可。

扫码看效果

扫码看效果

扫码看视频

3.2.2　运用颜色平衡特效调出青红色调

　　【效果展示】HLS 分别表示色相、亮度及饱和度这 3 个颜色通道的简称。"颜色平衡（HLS）"特效能够通过调整画面的色相、饱和度及明度来达到平衡素材颜色的作用。调色前后对比如图 3-36 所示。

图 3-36　调色前后对比

在 Premiere 中，运用"颜色平衡（HLS）"特效调出青红色调的操作方法如下。

▶▶ STEP01 打开一个项目文件，❶切换至"效果"面板；❷依次展开"视频效果"|"过时"选项；❸在其中选择"颜色平衡（HLS）"视频特效，如图 3-37 所示。

▶▶ STEP02 按住鼠标左键并拖动"颜色平衡（HLS）"特效至"时间轴"面板中的素材文件上，释放鼠标左键，即可为视频添加该特效，如图 3-38 所示。

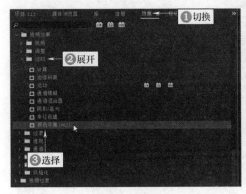
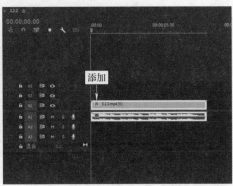

图 3-37　选择"颜色平衡（HLS）"
视频特效

图 3-38　添加相应特效

▶▶ STEP03 选择 V1 轨道上的素材，在"效果控件"面板中，展开"颜色平衡（HLS）"选项，如图 3-39 所示。

▶▶ STEP04 在"颜色平衡（HLS）"选项中，设置"色相"参数为 -15.0°、"亮度"参数为 -2.0、"饱和度"参数为 10.0，如图 3-40 所示，提高画面色彩的浓度，使画面偏青红色，即可完成调色。

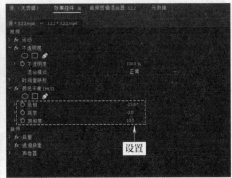

图 3-39　展开"颜色平衡（HLS）"选项

图 3-40　设置相应的参数

扫码看效果

扫码看效果

扫码看视频

3.2.3　运用纯色合成特效调出柔紫色调

【效果展示】在 Premiere 中，"纯色合成"视频特效是将一种颜色与视频混合，从而为视频进行调色处理。调色前后效果对比如图 3-41 所示。

图 3-41　调色前后效果对比

在 Premiere 中，运用"纯色合成"特效调出柔紫色调的操作方法如下。

▶▶ STEP01 打开一个项目文件，在"效果"面板中，依次展开"视频效果"|"过时"选项，在其中选择"纯色合成"视频特效，如图 3-42 所示。

▶▶ STEP02 将"纯色合成"视频特效拖动至 V1 轨道的视频上，在"效果控件"面板中，单击"颜色"右侧的色块，如图 3-43 所示。

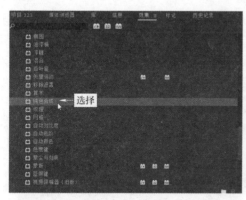

图 3-42　选择"纯色合成"视频特效　　　　图 3-43　单击相应的色块

▶▶ STEP03 弹出"拾色器"对话框，设置 RGB 颜色值为 232、140、186，如图 3-44 所示。

▶▶ STEP04 单击"确定"按钮，在"效果控件"面板中，❶设置"不透明度"参数为 50.0%；❷单击"混合模式"右侧的下拉按钮；❸在弹出的列表框中选择"强光"选项，如图 3-45 所示，即可完成调色。

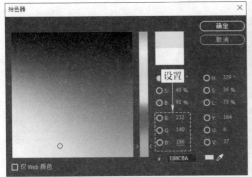

图 3-44　设置 RGB 颜色值

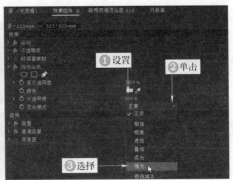

图 3-45　选择"强光"选项

3.2.4　运用 RGB 颜色矫正器特效调出清新蓝调

【效果展示】"RGB 颜色校正器"特效可以调整视频的 RGB 色调，还可以通过通道调整视频画面的色彩。调色前后效果对比如图 3-46 所示。

扫码看效果

扫码看效果

图 3-46　调色前后效果对比

扫码看视频

在 Premiere 中，运用"RGB 颜色矫正器"特效调出清新蓝调的操作方法如下。

▶▷ STEP01 打开一个项目文件，在"效果"面板中，依次展开"视频效果"|"过时"选项，在其中选择"RGB 颜色校正器"特效，如图 3-47 所示。

▶▷ STEP02 按住鼠标左键并拖动"RGB 颜色校正器"特效至"时间轴"面板中的素材文件上，如图 3-48 所示，释放鼠标即可添加视频特效。

>> 专家指点 >>>>>>.. .>>>> .>>>

　　在 Premiere Pro 2022 中，"RGB 颜色校正器"视频特效主要用于调整图像的颜色和亮度。用户使用"RGB 颜色校正器"特效来调整 RGB 颜色各通道的中间调值、色调值及亮度值，修改画面的高光、中间调和阴影定义的色调范围，从而调整视频的颜色。

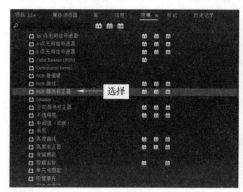

图 3-47　选择"RGB 颜色矫正器"特效　图 3-48　拖动"RGB 颜色校正器"特效

▶▶ STEP03 在"效果控件"面板中，展开"RGB 颜色校正器"选项，如图 3-49 所示。

▶▶ STEP04 在"RGB 颜色校正器"选项中设置各参数，如图 3-50 所示，即可运用"RGB 颜色校正器"校正色彩。

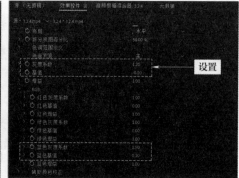

图 3-49　展开"RGB 颜色矫正器"选项　　　图 3-50　设置相应参数

3.2.5　运用色轮调出青黄色调

【效果展示】"色轮和匹配"选项包括"阴影""中间调"和"高光"
3 个色轮，调整相应的色轮颜色，可以改变画面中阴影、中间调和高光的
色彩。调色前后效果对比如图 3-51 所示。

扫码看效果

扫码看效果

扫码看视频

图 3-51　调色前后效果对比

在 Premiere 中，运用色轮调出青黄色调的操作方法如下。

▶▶ STEP01 打开一个项目文件，如图 3-52 所示。

▶▶ STEP02 选择"项目"面板中的素材文件，并将其拖动至"时间轴"面板的
V1 轨道中，如图 3-53 所示。

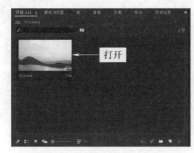

图 3-52　打开一个项目文件　　图 3-53　拖动素材文件至
　　　　　　　　　　　　　　　　　　"时间轴"面板

▶▶ STEP03 在"节目监视器"面板中可以查看素材画面，如图 3-54 所示。

图 3-54　查看素材画面

▶▶ STEP04 选择视频素材，在"Lumetri 颜色"面板中展开"色轮和匹配"选项，在"阴影"色轮上的合适位置单击，设置视频中阴影部分的色调，在"节目监视器"面板中可以查看调色的效果，如图 3-55 所示。

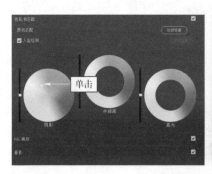 

图 3-55 设置视频中阴影部分的色调

▶▶ STEP05 在"中间调"色轮上的合适位置单击，设置视频中间调的色调，在"节目监视器"面板中可以查看调色的效果，如图 3-56 所示。

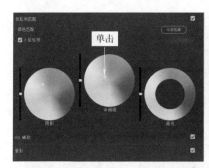 

图 3-56 设置视频中间调的色调

▶▶ STEP06 在"高光"色轮上的合适位置单击，设置视频中高光部分的色调，在"节目监视器"面板中可以查看调色的效果，如图 3-57 所示。

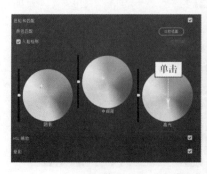 

图 3-57 设置视频中高光部分的色调

第 . **4** . 章

字幕：制作百
变的文字效果

我们在刷短视频的时候，常常可以看到很多短视
频中都添加了字幕效果，或用于歌词，或用于语音解说，
让观众在短短几秒内就能看懂更多视频内容。本章主
要介绍在剪映电脑版和 Premiere 中添加字幕和制作
文字特效的操作方法。

4.1 剪映中的字幕操作

剪映除了能够剪辑视频外，用户也可以使用它的"文字"功能给自己拍摄的短视频添加合适的文字内容，使视频更加具有观赏性；还可以运用"蒙版""关键帧"等功能制作文字特效，制作出不一样的视频效果。

扫码看效果

扫码看视频

4.1.1　添加字幕并设置动画

【效果展示】用户可以根据视频画面展示的内容为视频添加文字，还可以为文字设置字体、添加动画，让文字更加生动，效果如图 4-1 所示。

图 4-1　效果展示

在剪映电脑版中，添加字幕并设置动画的操作方法如下。

▶▷ STEP01 在剪映中导入视频素材并将其添加到视频轨道中，如图 4-2 所示。

▶▷ STEP02 ❶切换至"文本"功能区；❷在"新建文本"选项卡中单击"默认文本"选项右下角的"添加到轨道"按钮➕，如图 4-3 所示。

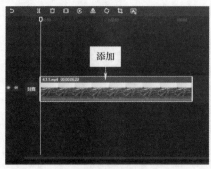 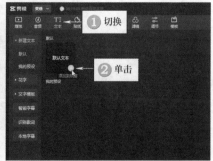

图 4-2　添加视频素材　　　　图 4-3　单击"添加到轨道"按钮

▶▷ STEP03 执行操作后，即可添加一个默认文本，如图 4-4 所示。

▶▷ STEP04 按住文本右侧的白色拉杆并向右拖动，将其时长调整为与视频的时长一致，如图 4-5 所示。

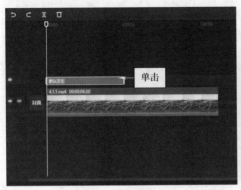

图 4-4 添加一个默认文本　　　图 4-5 调整文本的时长

▶▷ STEP05 在"文本"操作区的"基础"选项卡中，❶输入相应文字；❷设置一个合适的字体，如图 4-6 所示。

▶▷ STEP06 ❶切换至"动画"操作区；❷在"入场"选项卡中选择"弹入"动画；❸设置"动画时长"参数为 1.0s，如图 4-7 所示。

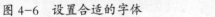

图 4-6 设置合适的字体　　　图 4-7 设置"动画时长"参数

▶▷ STEP07 ❶切换至"出场"选项卡；❷选择"向上溶解"动画，如图 4-8 所示。

▶▷ STEP08 在"播放器"面板中调整文字的大小和位置，如图 4-9 所示，即可完成字幕的添加。

图 4-8 选择"向上溶解"动画　　　　图 4-9 调整文字的大小和位置

4.1.2 运用识别歌词功能生成字幕

扫码看效果

扫码看视频

【效果展示】剪映能够自动识别音频中的歌词内容，可以非常方便地为背景音乐添加动态歌词，效果如图 4-10 所示。

图 4-10 效果展示

在剪映电脑版中，运用"识别歌词"功能生成字幕的操作方法如下。

▶▶ STEP01 导入视频素材，在"文本"功能区中，❶切换至"识别歌词"选项卡；❷单击"开始识别"按钮，如图 4-11 所示。

▶▶ STEP02 稍等片刻，即可生成歌词文本，如图 4-12 所示。

▶▶ STEP03 根据歌曲内容对文本进行分割，并调整相应的文本内容，如图 4-13 所示。

▶▶ STEP04 选择第 1 段文字，在"文本"操作区的"基础"选项卡中设置合适的文字字体，如图 4-14 所示。

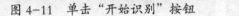

图 4-11　单击"开始识别"按钮

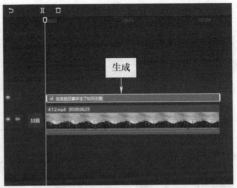

图 4-12　生成歌词文本

>> 专家指点 >>>>>>.. .>>>> .>>>

　　运用"识别歌词"功能生成的文字不管有多少段，都会被视为一个整体，只要设置其中一段文字的位置、大小和文本属性，其他文字也会同步这些设置，为用户节省操作时间。不过，动画、朗读和关键帧的相关设置不会同步，用户如果有需要只能对每段文字分别进行设置。运用"智能字幕"功能生成的文字也是同样的道理。

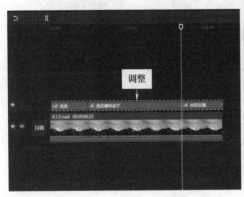

图 4-13　调整文本的内容

图 4-14　设置文字字体

▶▶ STEP05 ❶切换至"花字"选项卡；❷选择合适的花字样式，如图 4-15 所示。

▶▶ STEP06 ❶切换至"动画"操作区；❷选择"羽化向右擦开"入场动画；

69

❸拖动滑块，设置"动画时长"为最长，如图 4-16 所示。

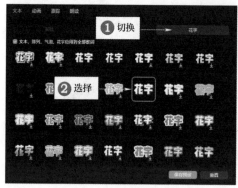
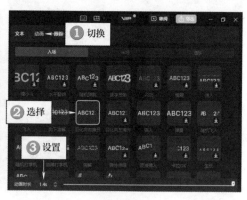

图 4-15　选择花字样式　　　　图 4-16　设置"动画时长"参数

▶▶ STEP07 ❶用与上相同的方法，为第 2 段和第 3 段文字添加"羽化向右擦开"入场动画；❷分别设置"动画时长"为最长；❸在"播放器"面板中调整文字的位置和大小，如图 4-17 所示。

图 4-17　调整文字的位置和大小

扫码看效果

4.1.3　运用识别字幕功能识别语音内容

【效果展示】剪映的"识别字幕"功能准确率非常高，能够帮助用户快速识别视频中的背景声音并同步添加字幕，效果如图 4-18 所示。

扫码看视频

图 4-18　效果展示

在剪映电脑版中，运用"识别字幕"功能识别语音内容的操作方法如下。

▶▷ STEP01 在"本地"选项卡中导入视频素材，单击其右下角的"添加到轨道"按钮➕，将视频素材添加到视频轨道中，如图 4-19 所示。

▶▷ STEP02 在"文本"功能区中，❶切换至"智能字幕"选项卡；❷单击"识别字幕"中的"开始识别"按钮，如图 4-20 所示。

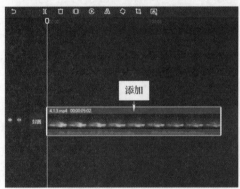

图 4-19　添加视频素材　　　　图 4-20　单击"开始识别"按钮

▶▷ STEP03 稍等片刻，即可根据视频中的语音内容生成相应的文本，调整文本的持续时长，如图 4-21 所示。

▶▷ STEP04 选择第 1 段文字，在"文本"操作区的"基础"选项卡中，❶设置一个合适的字体；❷设置一个预设样式，如图 4-22 所示。

▶▷ STEP05 ❶切换至"动画"操作区；❷在"入场"选项卡中选择"向下溶解"动画，如图 4-23 所示。

▶▷ STEP06 ❶切换至"出场"选项卡；❷选择"溶解"动画，如图 4-24 所示。

71

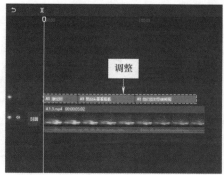

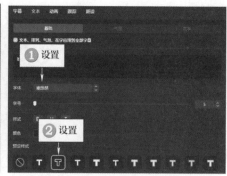

图 4-21　调整文本的时长　　　　　　图 4-22　设置预设样式

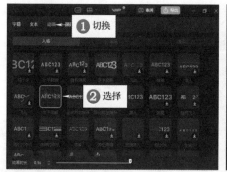

图 4-23　选择"向下溶解"动画　　　图 4-24　选择"溶解"动画

▶▶ STEP07 ❶用与上相同的方法，为第 2 段和第 3 段文字分别添加"向下溶解"入场动画和"溶解"出场动画；❷在"播放器"面板中调整文字的大小和位置，如图 4-25 所示。

图 4-25　调整文字的大小和位置

4.1.4　制作人走字出特效

扫码看效果

【效果展示】人走字出特效是指人物走过后，文字随人物行走的动作慢慢显示。在剪映中，需要先将制作好的文字导出为文字视频，应用"滤色"混合模式，将文字和视频重新合成，并使用蒙版和关键帧制作人走字出的效果，如图 4-26 所示。

扫码看视频

图 4-26　效果展示

在剪映电脑版中，制作人走字出特效的操作方法如下。

▶▷ STEP01　新建一个草稿文件，❶切换至"文本"功能区；❷在"新建文本"选项卡中单击"默认文本"选项右下角的"添加到轨道"按钮 ➕，如图 4-27 所示，添加一段默认文本。

▶▷ STEP02　按住文本右侧的白色边框并向右拖动，将文本的时长调整为 00:00:07:13，如图 4-28 所示。

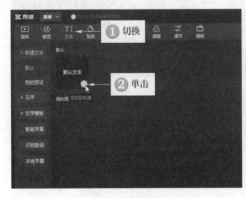
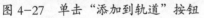
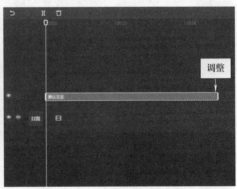

图 4-27　单击"添加到轨道"按钮　　图 4-28　调整文字的时长

▶▷ STEP03　❶在"文本"操作区中输入相应的文字内容；❷设置一个合适的字体；❸在"播放器"面板中调整文字的大小和位置，如图 4-29 所示，单击"导出"按钮，即可将文字视频导出备用。

▶▶ STEP04 新建一个草稿文件，将视频素材和文字视频导入"本地"选项卡，将视频素材添加到视频轨道，将文字视频添加到画中画轨道，如图 4-30 所示。

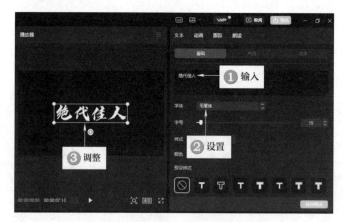

图 4-29　调整文字的大小和位置

▶▶ STEP05 选择文字视频，在"画面"操作区中设置"混合模式"为"滤色"模式，如图 4-31 所示，去除文字视频中的黑色。

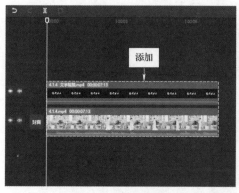

图 4-30　添加相应素材

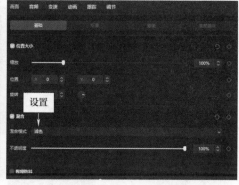

图 4-31　设置"混合模式"为
"滤色"模式

>> 专家指点 >>>>>>.. .>>>>   .>>>

　　在剪映中，文本无法添加蒙版，更不能为蒙版设置关键帧动画，但是视频可以，因此，要将文本制作成视频，再运用"混合模式"去除视频中的黑色，只留下文本内容。

▶▶ STEP06 拖动时间指示器至 00:00:02:19 的位置，此时视频中的人物刚好走到第 1 个字的位置，在"画面"操作区的"蒙版"选项卡中，❶选择"线性"蒙版；❷在"播放器"面板中调整蒙版的位置和旋转角度；❸在"蒙版"选项卡中点亮"位置"和"旋转"关键帧◆，如图 4-32 所示，在文字视频上添加第 1 个关键帧，让人物将文字全部遮盖住。

▶▶ STEP07 拖动时间指示器至 00:00:03:15 的位置，此时人物刚好走到第 2 个字的位置，在"播放器"面板中调整蒙版的位置，使第 1 个文字显示出来，如图 4-33 所示，"位置"右侧的关键帧会自动点亮◆。

▶▶ STEP08 用与上相同的方法，分别在 00:00:04:02、00:00:04:23 和 00:00:05:14 的位置，调整蒙版的位置和旋转角度，使文字完全显示出来，如图 4-34 所示。

图 4-32　点亮"位置"和"旋转"关键帧

图 4-33　调整蒙版线的位置（1）

75

图 4-34　调整蒙版线的位置（2）

4.2　Premiere 中的字幕操作

在视频中，字幕是不可缺少的一个重要组成部分，起着解释画面、补充内容的作用，有画龙点睛之效。Premiere Pro 2022 可以制作美观的字幕效果，还可以制作为字幕添加描边效果和淡入淡出动画。

扫码看效果

扫码看视频

4.2.1　创建水平字幕

【效果展示】水平字幕是指沿水平方向进行分布的字幕类型。用户可以使用字幕工具中的文字工具 **T** 进行创建，效果如图 4-35 所示。

图 4-35　效果展示

在 Premiere 中，创建水平字幕的操作方法如下。

▶▶ STEP01 打开一个项目文件，将视频素材拖动至"时间轴"面板中，如图 4-36 所示。

▶▶ STEP02 在编辑界面的左上方单击"文件"|"新建"|"旧版标题"命令，如图 4-37 所示。

图 4-36　将素材拖动至"时间轴"面板中　　图 4-37　单击"旧版标题"命令

▶▶ STEP03 执行操作后，弹出"新建字幕"对话框，保持默认设置，单击"确定"按钮，如图 4-38 所示，即可新建一个字幕，并弹出"字幕"面板。

▶▶ STEP04 在"字幕"面板的编辑窗口选取文字工具 **T**，如图 4-39 所示。

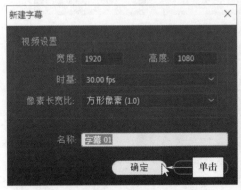

图 4-38　单击"确定"按钮　　　　　图 4-39　选取文字工具

▶▶ STEP05 在工作区中的合适位置创建一个文本框，❶输入"杜甫江阁"；❷在右侧的"旧版标题属性"面板中设置"字体系列"为"宋体"、"字体大小"为 140.0；❸单击"居中对齐文本"按钮▤，如图 4-40 所示，即可完成字幕的编辑。

>> 专家指点 >>>>>>.. .>>>> .>>>

　　"字幕"面板的主要功能是创建和编辑字幕，并可以直观地预览字幕应用到视频影片中的效果。"字幕"面板由属性栏和编辑窗口两部分组成，其中编辑窗口是用户创建和编辑字幕的场所，在编辑完成后可以通过属性栏改变字体和字体样式。

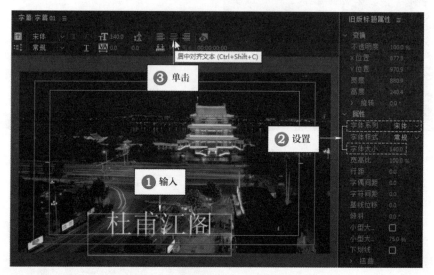

图 4-40　单击"居中对齐文本"按钮

>> 专家指点 >>>>>>.. .>>>> .>>>

　　如果用户发现输入的文字无法显示，而是变成了▉，这是因为当前使用的字体库中没有相应的文字，自然显示不出来，用户只需要更换成可以正常显示的字体即可。

▶▶ STEP06 关闭字幕编辑窗口，此时在"项目"面板中将会显示新创建的字幕对象，如图 4-41 所示。

▶▶ STEP07 将新创建的字幕拖动至"时间线"面板的 V2 轨道上，如图 4-42 所示。

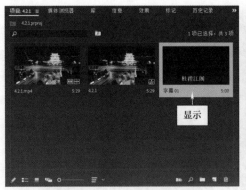

图 4-41　显示新创建的字幕

图 4-42　拖动字幕至相应轨道

▶▶ STEP08 执行操作后，即可为视频添加水平字幕，在"节目监视器"面板中可以查看字幕效果，如图 4-43 所示。

▶▶ STEP09 调整字幕的持续时间，使其与视频的时长保持一致，如图 4-44 所示。

图 4-43　查看字幕效果

图 4-44　调整字幕的时长

>> 专家指点 >>>>>>.. .>>>> .>>>

　　如果用户想调整字幕效果，只需要在"项目"面板或者 V2 轨道上双击字幕，即可调出字幕编辑窗口，对字幕效果进行修改。

扫码看效果

扫码看视频

4.2.2　制作文字描边效果

【效果展示】字幕的"描边"主要是为了让字幕效果更加突出、醒目。因此，用户可以为文字添加描边效果。描边效果一般分为内描边和外描边两种样式，内描边主要是从字幕边缘向内进行扩展，如图 4-45 所示。

图 4-45　效果展示

在 Premiere 中，制作文字描边效果的操作方法如下。

▶▶ STEP01 打开一个项目文件，在 V2 轨道上双击字幕文件，如图 4-46 所示。

▶▶ STEP02 弹出字幕编辑窗口，在右侧的"旧版标题属性"面板的"描边"选项区中，单击"内描边"选项右侧的"添加"链接，如图 4-47 所示。

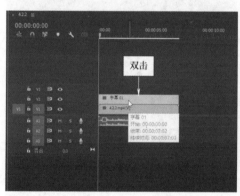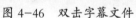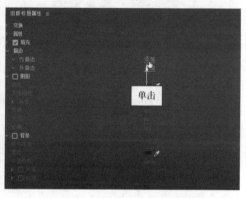

图 4-46　双击字幕文件　　　　　　图 4-47　单击"添加"链接

▶▶ STEP03 执行操作后，即可添加一个"内描边"选项区，如图 4-48 所示。

▶▶ STEP04 在"内描边"选项区中，单击"类型"右侧的下拉按钮，在弹出的列表框中选择"深度"选项，如图 4-49 所示。

▶▶ STEP05 单击"颜色"右侧的颜色色块，弹出"拾色器"对话框，❶设置 RGB 参数分别为 200、55、99；❷单击"确定"按钮，如图 4-50 所示，即可设置内描边的描边颜色。

▶▶ STEP06 设置"大小"参数为 20.0，如图 4-51 所示，让描边效果更明显。

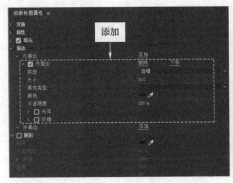

图 4-48 添加"内描边"选项区

图 4-49 选择"深度"选项

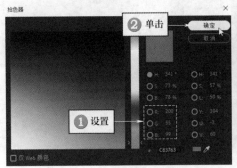

图 4-50 单击"确定"按钮

图 4-51 设置"大小"参数

4.2.3 制作淡入淡出特效

【效果展示】在 Premiere Pro 2022 中，通过设置"效果控件"面板中的"不透明度"参数，可以制作字幕的淡入淡出特效，效果如图 4-52 所示。

扫码看效果

扫码看视频

橘子洲头日夜延时

图 4-52 效果展示

在 Premiere 中，制作淡入淡出特效的操作方法如下。

▶▶ STEP01 打开一个项目文件，将视频素材拖动至"时间轴"面板中，如图 4-53 所示，使其出现在 V1 轨道上。

▶▶ STEP02 在"工具箱"面板中选取文字工具 T，如图 4-54 所示。

▶▶ STEP03 在画面的合适位置单击并拖动，创建一个合适的文本框，输入"橘子洲头日夜延时"，如图 4-55 所示。

▶▶ STEP04 调整字幕的持续时长，使其与视频的时长保持一致，如图 4-56 所示。

图 4-53 将视频素材拖动至相应面板中

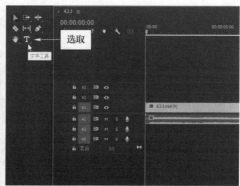

图 4-54 选取文字工具

图 4-55 输入相应内容

图 4-56 调整文字的时长

▶▶ STEP05 在"工具箱"面板中选取选择工具 ▶，在"节目监视器"面板中调整文字的位置，如图 4-57 所示。

▶▶ STEP06 在"效果控件"面板中展开"文本"选项，❶设置"不透明度"

参数为 0.0%；❷单击"不透明度"选项左侧的"切换动画"按钮🕐，如图 4-58
所示，添加第 1 个关键帧。

图 4-57　调整文字的位置

图 4-58　单击"切换动画"按钮

▶▶ STEP07 拖动时间指示器至 1s 的位置，❶设置"不透明度"参数为
100.0%；❷自动添加 1 个关键帧，如图 4-59 所示，即可完成文字淡入特效的
制作。

▶▶ STEP08 拖动时间指示器至 00：00：06：08 的位置，在保持"不透明度"参
数为 100.0% 的情况下，单击"不透明度"选项右侧的"添加 / 移除关键帧"按
钮◇，如图 4-60 所示，添加 1 个关键帧。

图 4-59　自动添加关键帧（1）

图 4-60　单击"添加 / 移除关键帧"按钮

▶▶ STEP09 拖动时间指示器至 7s 的位置，❶设置"不透明度"参数为 0.0%；
❷自动添加 1 个关键帧，如图 4-61 所示，即可完成字幕淡出特效的制作。

图 4-61　自动添加关键帧（2）

第 . **5** . 章

音频：让音乐与画面完美契合

视频是一种声画结合、视听兼备的创作形式，因此，音频也是很重要的因素。选择合适的背景音乐、音效或者语音旁白，让你的作品更有可能上热门。本章介绍在剪映电脑版和 Premiere 中添加和编辑音频的操作方法。

5.1 剪映中的音频操作

对于视频来说，背景音乐是其灵魂，所以，添加音频是后期剪辑非常重要的一步。用户为视频添加好音频后，还可以为视频设置一些特殊的音频效果，例如，为视频添加文本朗读音频，为录音设置变声效果。另外，运用"手动踩点"功能，用户还可以制作卡点视频，让视频的画面更具有动感。

5.1.1 从音乐库中挑选音乐

扫码看效果

【效果展示】剪映具有非常丰富的背景音乐曲库，用户可以根据自己的视频内容来添加合适的背景音乐，视频效果如图 5-1 所示。

扫码看视频

图 5-1　视频效果展示

在剪映电脑版中，从音乐库挑选音乐的操作方法如下。

▶▶ STEP01 在"本地"选项卡中导入视频素材，单击其右下角的"添加到轨道"按钮，如图 5-2 所示，将视频素材添加到视频轨道中。

▶▶ STEP02 在视频轨道的起始位置单击"关闭原声"按钮，如图 5-3 所示，将视频静音，以便后续添加新的背景音乐。

▶▶ STEP03 ❶切换至"音频"功能区；❷在"音乐素材"选项卡的搜索框中输入要搜索的歌曲名称，如图 5-4 所示，按【Enter】键即可进行搜索。

▶▶ STEP04 稍等片刻后，会显示满足搜索条件的歌曲，单击相应音乐右下角的"添加到轨道"按钮，如图 5-5 所示。

 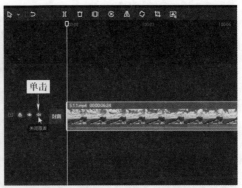

图 5-2　单击"添加到轨道"按钮（1）　　　图 5-3　单击"关闭原声"按钮

图 5-4　输入歌曲名称　　　　　图 5-5　单击"添加到轨道"按钮（2）

>> 专家指点 >>>>>>.. .>>>> .>>>

　　如果用户是第 1 次使用某首音乐，需要先单击该音乐右下角的下载按钮 ⬇ 进行下载，下载完成后，下载按钮 ⬇ 会变成"添加到轨道"按钮 ➕，并自动播放该音乐。

　　如果用户觉得这首歌曲满足需求，就可以单击音乐右下角的"添加到轨道"按钮 ➕ 进行使用，还可以单击音乐右下角的收藏按钮 ✿，将其收藏，下次就可以在"音乐素材"选项卡的"收藏"选项区中找到该音乐。

▶▶ STEP05 执行操作后，将音乐添加到音频轨道中，如图 5-6 所示。

▶▶ STEP06 ❶拖动时间指示器至视频结束位置；❷在时间线面板的左上方单

击"分割"按钮 ，如图 5-7 所示。

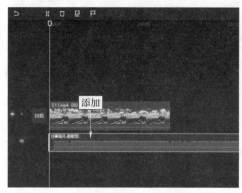
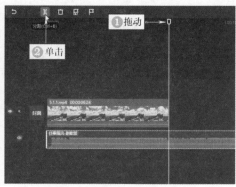

图 5-6　将音乐添加到音频中　　　　　　图 5-7　单击"分割"按钮

▶▶ STEP07 执行操作后，即可将多余的音频分割出来并自动选中，单击"删除"按钮 ，如图 5-8 所示，将其删除，即可完成背景音乐的添加。

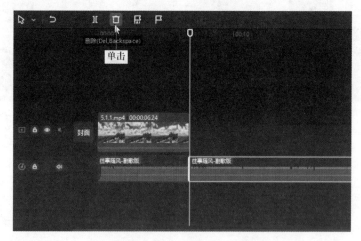

图 5-8　单击"删除"按钮

扫码看效果

扫码看视频

5.1.2　为视频添加音效

【效果展示】剪映中提供了很多有趣的音频特效，例如，笑声、综艺、机械、人声、转场、游戏、魔法、打斗、美食、动物、环境音、手机、悬疑及乐器等类型，用户可以根据视频的情境来添加音效，视频效果如图 5-9 所示。

图 5-9 视频效果展示

在剪映电脑版中，为视频添加音效的操作方法如下。

▶▶ STEP01 在 "本地" 选项卡中导入素材，单击视频素材右下角的 "添加到轨道" 按钮 ➕，如图 5-10 所示，即可将素材添加到视频轨道中。

▶▶ STEP02 ❶切换至 "音频" 功能区；❷展开 "音效素材" 选项卡；❸在搜索框中输入 "海浪"，如图 5-11 所示，按【Enter】键，即可搜索相应音效。

▶▶ STEP03 在搜索结果中，单击 "沙滩海浪声" 音效右下角的 "添加到轨道" 按钮 ➕，如图 5-12 所示，即可为视频添加合适的音效。

▶▶ STEP04 调整音效的时长，使其与视频时长保持一致，如图 5-13 所示。

图 5-10 单击 "添加到轨道" 按钮（1）

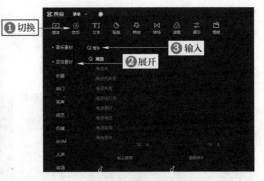

图 5-11 输入 "海浪"

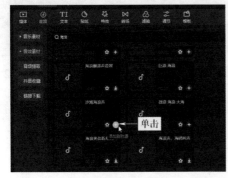

图 5-12 单击 "添加到轨道" 按钮（2）

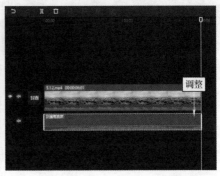

图 5-13 调整音效的时长

扫码看效果

扫码看视频

5.1.3 为视频添加文本朗读音频

【效果展示】剪映的"文本朗读"功能能够自动将视频中的文字内容转化为语音，提升观众的观看体验，视频效果如图 5-14 所示。

图 5-14 视频效果展示

在剪映电脑版中，为视频添加文本朗读音频的操作方法如下。

▶▶ STEP01 在"本地"选项卡中导入素材，单击视频素材右下角的"添加到轨道"按钮，如图 5-15 所示，即可将素材添加到视频轨道中。

▶▶ STEP02 拖动时间指示器至 00:00:00:15 的位置，❶切换至"文本"功能区；❷在"新建文本"选项卡中单击"默认文本"选项右下角的"添加到轨道"按钮，为视频添加一段文本，如图 5-16 所示。

图 5-15 单击"添加到轨道"按钮（1） 图 5-16 单击"添加到轨道"按钮（2）

▶▶ STEP03 在"文本"操作区的"基础"选项卡中，❶输入相应文字内容；❷设置合适的字体，如图 5-17 所示。

▶▶ STEP04 ❶切换至"花字"选项卡；❷选择 1 个合适的花字样式，如图 5-18 所示。

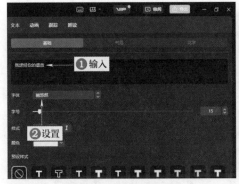

图 5-17　设置字体　　　　　　　　图 5-18　选择花字样式

▶▶ STEP05 ❶切换至"动画"操作区；❷在"入场"选项卡中选择"逐字显影"动画，如图 5-19 所示。

▶▶ STEP06 ❶切换至"出场"选项卡；❷选择"闭幕"动画，如图 5-20 所示。

▶▶ STEP07 在"播放器"面板中调整文字的大小和位置，如图 5-21 所示。

▶▶ STEP08 拖动时间指示器至文本的起始位置，依次按【Ctrl+C】组合键和【Ctrl+V】组合键，即可粘贴一段复制的文字，如图 5-22 所示。

▶▶ STEP09 在"基础"选项卡中修改粘贴文本的内容，如图 5-23 所示。

▶▶ STEP10 同时选中两段文本，❶切换至"朗读"操作区；❷选择"亲切女声"音色；❸单击"开始朗读"按钮，如图 5-24 所示。

图 5-19　选择"逐字显影"动画　　　图 5-20　选择"闭幕"动画

图 5-21 调整文字的大小和位置

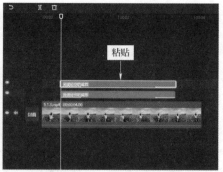

图 5-22 粘贴一段文字

图 5-23 修改文字内容

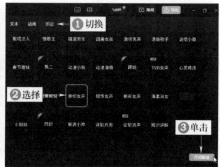

图 5-24 单击"开始朗读"按钮

▶▷ STEP11 稍等片刻，即可生成对应的朗读音频，调整两段音频和两段文本的位置与时长，如图 5-25 所示。

▶▷ STEP12 拖动时间指示器至视频的起始位置，❶切换至"音频"功能区；❷展开"音乐素材"|"纯音乐"选项卡；❸单击相应音乐右下角的"添加到轨道"按钮➕，为视频添加一段背景音乐，如图 5-26 所示。

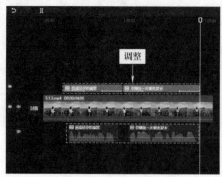

图 5-25 调整音频和文本的位置与时长 图 5-26 单击"添加到轨道"按钮（3）

▶▶ STEP13 调整背景音乐的时长，使其与视频时长保持一致，如图 5-27 所示。

▶▶ STEP14 在"音频"操作区中，将背景音乐的"音量"参数设置为 −20.0dB，如图 5-28 所示，避免背景音乐干扰到朗读音频。

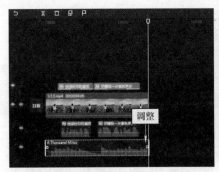
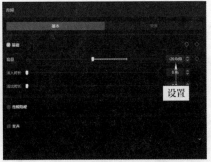

图 5-27　调整背景音乐的时长　　　　图 5-28　设置"音量"参数

>> 专家指点 >>>>>>.. .>>>> .>>>

　　当视频有两段或更多的音频时，用户最好通过音量调节来避免音频重叠部分的互相干扰，影响视频的听感。一般来说，用户可以不调整或调高主音频的音量，并将其他音频的音量调低，从而达到突出主音频的目的。

5.1.4　为录音设置变声效果

【效果展示】在剪映中用户可以为视频配音，并运用"变声"功能对录音音频进行变声处理，不仅可以隐藏原声，还能让音频更加有趣，视频效果如图 5-29 所示。

扫码看效果

扫码看视频

图 5-29　视频效果展示

在剪映电脑版中，为录音设置变声效果的操作方法如下。

▶▷ STEP01 在"本地"选项卡中导入素材，单击视频素材右下角的"添加到轨道"按钮➕，如图 5-30 所示，即可将素材添加到视频轨道中。

▶▷ STEP02 ❶拖动时间指示器至 00:00:00:15 的位置；❷在时间线面板中单击"录音"按钮🎤，如图 5-31 所示。

图 5-30　单击"添加到轨道"按钮（1）　　图 5-31　单击"录音"按钮

▶▷ STEP03 弹出"录音"对话框，单击录音按钮⚪，如图 5-32 所示，在"播放器"面板中显示 3s 倒数，并自动从时间指示器前 3s 的位置开始播放视频，倒数结束后，可以开始录音。

▶▷ STEP04 录音结束后，单击结束按钮■，即可结束录音，并在时间线面板中生成对应的录音音频，如图 5-33 所示。

>> 专家指点 >>>>>>.. .>>>> .>>>

　　在"录音"对话框中，用户可以通过设置"输入音量"参数来控制录音音频的音量大小。如果用户处在一个比较空旷的房间，可以通过选中"回声消除"复选框来解决回声问题；如果视频本身有声音或者在时间线面板中添加了音频，用户可以选中"草稿静音"复选框，将整个时间线面板静音，避免在录音时出现其他音频。

▶▷ STEP05 关闭"录音"对话框，在"音频"操作区的"基本"选项卡中，❶选中"音频降噪"复选框，对录音进行降噪；❷选中"变声"复选框，如

图 5-34 所示。

▶▶ STEP06 在"变声"列表框中选择"大叔"音色，如图 5-35 所示。

图 5-32　单击录音按钮

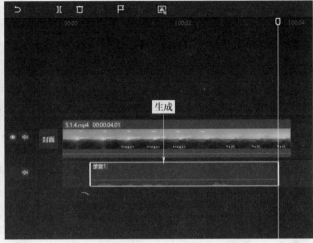

图 5-33　生成对应的录音音频

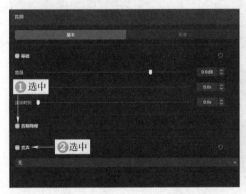

图 5-34　选中"变声"复选框

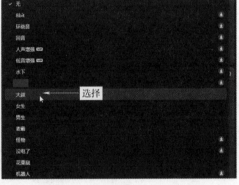

图 5-35　选择"大叔"音色

▶▶ STEP07 设置好变声音色后，用户还可以对变声效果进行设置，例如，设置"音调"参数为 54、"音色"参数为 81，使变声效果更柔和，如图 5-36 所示。

▶▶ STEP08 拖动时间指示器至视频起始位置，❶切换至"音频"功能区；❷在"音乐素材"选项卡的"纯音乐"选项区中单击相应音乐右下角的"添加到轨道"按钮 ➕，如图 5-37 所示。

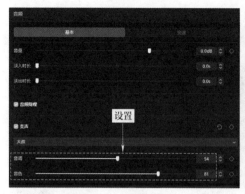

图 5-36　设置相应参数

图 5-37　单击"添加到轨道"按钮（2）

▶▶ STEP09 执行操作后，即可为视频添加背景音乐，调整背景音乐的持续时长，如图 5-38 所示。

▶▶ STEP10 在"音频"操作区的"基本"选项卡中设置"音量"参数为 -15.0dB，如图 5-39 所示。

图 5-38　调整音乐的持续时长

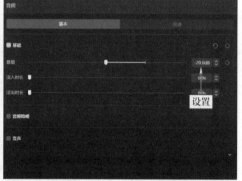

图 5-39　设置"音量"参数

扫码看效果

扫码看视频

5.1.5　运用手动踩点功能制作卡点视频

【效果展示】色彩渐变卡点视频是视频卡点类型中比较热门的一种，视频画面会随着音乐的节奏点从黑白色渐变为有颜色的画面，主要是使用剪映的"手动踩点"功能、"变彩色"特效和"滤镜"功能制作而成的，效果如图 5-40 所示。

图 5-40 效果展示

在剪映电脑版中，运用"手动踩点"功能制作卡点视频的操作方法如下。

▶▶ STEP01 在"本地"选项卡中导入 3 段视频素材和 1 段音频素材，将视频素材按顺序添加到视频轨道中，将音频素材添加到音频轨道中，如图 5-41 所示。

▶▶ STEP02 想制作卡点视频，就需要先将音频的节奏点标记出来，❶拖动时间指示器至 00:00:01:11 的位置；❷单击"手动踩点"按钮🏳，如图 5-42 所示，即可在音频上添加第 1 个黄色的节拍点。

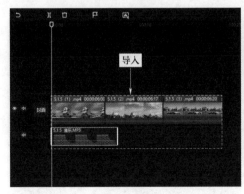 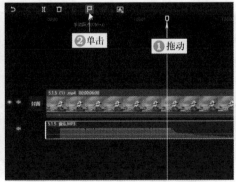

图 5-41 将素材添加到相应轨道 图 5-42 单击"手动踩点"按钮

▶▷ STEP03 用与上相同的方法，标记出剩下的节拍点，如图 5-43 所示。

▶▷ STEP04 根据节拍点的位置，调整 3 段素材的持续时长，使第 1 段、第 2 段和第 3 段素材的结束位置对准第 2 个节拍点、第 4 个节拍点和音频的结束位置，如图 5-44 所示。

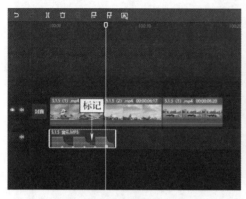

图 5-43　标记其他节拍点　　　　图 5-44　调整素材的时长

▶▷ STEP05 将时间指示器拖动至视频起始位置，❶切换至"特效"功能区；❷在"画面特效"|"基础"选项卡中单击"变彩色"特效右下角的"添加到轨道"按钮➕，如图 5-45 所示。

▶▷ STEP06 执行操作后，即可在轨道上添加"变彩色"特效，如图 5-46 所示。

▶▷ STEP07 拖动特效右侧的白色拉杆，调整特效的持续时长，使其结束位置对准第 1 个节拍点，如图 5-47 所示。

▶▷ STEP08 用与上相同的方法，分别在第 2 个和第 3 个节拍点、第 4 个和第 5 个节拍点之间添加"变彩色"特效，如图 5-48 所示。

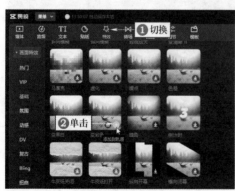

图 5-45　单击"添加到轨道"按钮（1）　　图 5-46　添加"变彩色"特效（1）

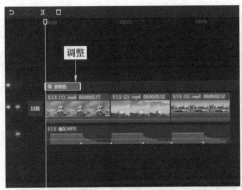

图 5-47　调整特效的时长

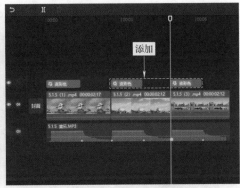

图 5-48　添加"变彩色"特效（2）

▶▶ STEP09 同时选中 3 个"变彩色"特效，在"特效"操作区中设置"变化速度"为 60，如图 5-49 所示，加快画面变成彩色的速度。

▶▶ STEP10 拖动时间指示器至第 1 个节拍点的位置，❶切换至"滤镜"功能区；❷展开"复古胶片"选项卡；❸单击"普林斯顿"滤镜右下角的"添加到轨道"按钮 ⊕，如图 5-50 所示。

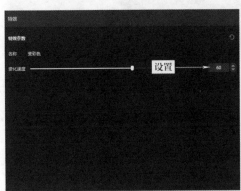

图 5-49　设置"变化速度"参数

图 5-50　单击"添加到轨道"按钮（2）

▶▶ STEP11 在"滤镜"操作区中，设置"普林斯顿"滤镜的"强度"参数为 60，如图 5-51 所示，调整滤镜的作用强度。

▶▶ STEP12 调整滤镜的持续时长，使其结束位置对准第 2 个节拍点，如图 5-52 所示。

▶▶ STEP13 用与上相同的方法，在第 3 个和第 4 个节拍点之间添加一个"强度"参数为 80 的"青橙"滤镜（"影视级"选项卡），在第 5 个节拍点后面添加一个"强度"参数为 80 的"宿营"滤镜（"露营"选项卡），如图 5-53 所示，即可完成卡点视频的制作。

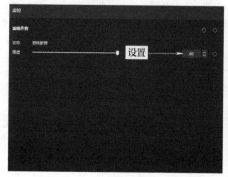

图 5-51　设置"强度"参数

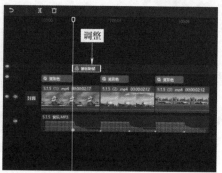

图 5-52　调整滤镜的时长

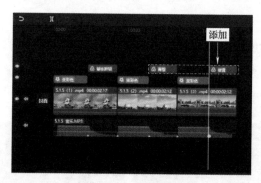

图 5-53　添加相应滤镜

5.2　Premiere 中的音频操作

音频在视频中是一个不可或缺的元素，用户可以根据需要制作常用的音频效果。本节将介绍在 Premiere 中为视频添加其他视频中的音频、分割和删除音频及制作音频淡化效果的操作方法。

扫码看效果

5.2.1　添加其他视频中的音频

【效果说明】在 Adobe Premiere Pro 2022 中，用户可以轻松地将背景音频从视频中分离出来，并添加新的音频，将其与视频组合，视频效果如图 5-54 所示。

扫码看视频

图 5-54 视频效果展示

在 Premiere 中，为视频添加其他视频中的音频的操作方法如下。

▶▷ STEP01 打开一个项目文件，如图 5-55 所示。

▶▷ STEP02 将两段素材按顺序拖动至 V1 轨道上，如图 5-56 所示。

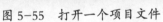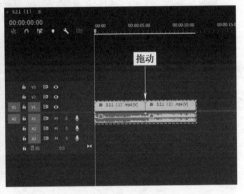

图 5-55 打开一个项目文件   图 5-56 将素材拖动至 V1 轨道

▶▷ STEP03 ❶在第 1 段素材上右击；❷在弹出的快捷菜单中选择"取消链接"选项，如图 5-57 所示，将视频与音频分离。

▶▷ STEP04 用与上相同的方法，将第 2 段素材的视频与音频进行分离，如图 5-58 所示。

▶▷ STEP05 选择 A1 轨道中的第 1 段音频，单击"编辑"|"清除"命令，如图 5-59 所示，将其删除。用同样的方法将 V1 轨道中的第 2 段视频进行清除。

▶▷ STEP06 将 A1 轨道上的音频拖动至与 V1 轨道中的视频对齐，即可为视频添加其他视频中的音乐，同时选中音频和视频，❶在音频或视频的任意位置右击；❷在弹出的快捷菜单中选择"链接"选项，如图 5-60 所示，将视频和音频进行组合。

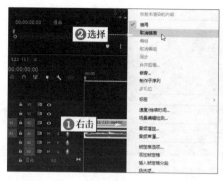

图 5-57　选择"取消链接"选项

图 5-58　分离视频和音频

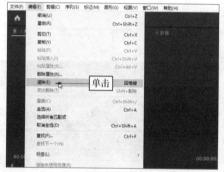

图 5-59　单击"清除"命令

图 5-60　选择"链接"选项

扫码看效果

扫码看视频

5.2.2　分割和删除音频

【效果说明】在 Premiere 中，除了清除视频原有的音频之外，用户还可以通过将音频轨道设置为静音来去除视频的背景音乐。在为视频添加新的背景音乐时，用户可以对音频进行分割和删除操作，以选取最合适的音频片段，视频效果如图 5-61 所示。

图 5-61　视频效果展示

在 Premiere 中，分割和删除音频的操作方法如下。

▶▷ STEP01 打开一个项目文件，如图 5-62 所示。

▶▷ STEP02 在"时间轴"面板中，将视频素材拖动至 V1 轨道中，将音频素材拖动至 A2 轨道中，如图 5-63 所示。

▶▷ STEP03 在 A1 轨道的起始位置单击"静音轨道"按钮 M，如图 5-64 所示，即可关闭该轨道中的音频的声音。

▶▷ STEP04 ❶选择 A2 轨道中的音频；❷拖动时间指示器至 00:00:00:27 的位置；❸在"时间轴"面板中单击"添加标记"按钮 █，如图 5-65 所示，为音频添加第 1 个标记。

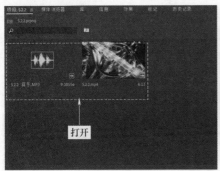

图 5-62　打开项目文件

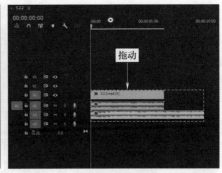

图 5-63　将素材拖动至相应轨道

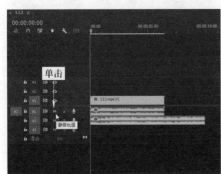

图 5-64　单击"静音轨道"按钮

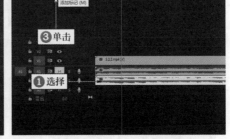

图 5-65　单击"添加标记"按钮（1）

▶▷ STEP05 ❶拖动时间指示器至 00:00:07:10 的位置；❷在"时间轴"面板中单击"添加标记"按钮 █，如图 5-66 所示，为音频添加第 2 个标记。

▶▷ STEP06 在"工具箱"面板中选取剃刀工具 ◈，如图 5-67 所示。

▶▷ STEP07 将剃刀工具 ◈ 移动到音频的第 1 个标记上，单击，即可进行分割，如图 5-68 所示。

>> 专家指点 >>>>>>.. .>>>> .>>>

在使用剃刀工具█对音频进行分割时，可能会无法精准地在想要的位置进行分割，那么，用户可以先将时间指示器拖动至要分割的位置，以时间指示器的位置为标记进行分割；也可以先在要分割的位置上添加标记，当剃刀工具移动到标记上时会自动显示辅助线，方便用户进行分割。

▶▷ STEP08 用与上相同的方法，在音频的第 2 个标记上进行分割。如图 5-69 所示。

▶▷ STEP09 选取选择工具▶，选择分割出的第 1 段音频，单击"编辑"|"清除"命令，如图 5-70 所示，将其删除。用同样的方法将最后一段音频也进行删除。

▶▷ STEP10 调整音频的位置，使其与视频对齐，如图 5-71 所示。

图 5-66　单击"添加标记"按钮（2）

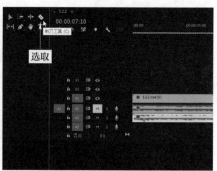

图 5-67　选取剃刀工具

图 5-68　对音频进行分割（1）

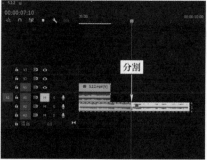

图 5-69　对音频进行分割（2）

图 5-70　单击"清除"命令

图 5-71　调整音频的位置

5.2.3　制作音频淡化效果

【效果说明】在 Premiere 2022 中，系统为用户预设了"恒定功率""恒定增益"和"指数淡化"3 种音频过渡效果，例如，用户可以为音频添加"指数淡化"来制作出音频淡化的效果，视频效果如图 5-72 所示。

扫码看效果

扫码看视频

图 5-72　视频效果展示

在 Premiere 中，制作音频淡化效果的操作方法如下。

▶▷ STEP01 打开一个项目文件，将视频素材添加到 V1 轨道中，如图 5-73 所示。

▶▷ STEP02 在"效果"面板中，❶依次展开"音频过渡"|"交叉淡化"选项；❷选择"指数淡化"特效，如图 5-74 所示。

▶▷ STEP03 按住鼠标左键并将"指数淡化"特效拖动至音频的起始位置，即可添加一个"指数淡化"特效，如图 5-75 所示，制作出音频淡入的效果。

▶▷ STEP04 用与上相同的方法，在音频的结束位置也添加一个"指数淡化"特效，如图 5-76 所示，制作出音频淡出的效果。

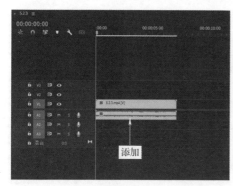

图 5-73　将素材添加到轨道中

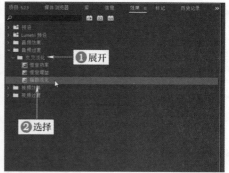

图 5-74　选择"指数淡化"特效

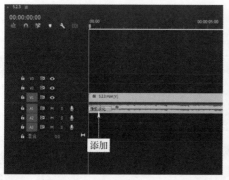

图 5-75　添加"指数淡化"特效（1）

图 5-76　添加"指数淡化"特效（2）

第.**6**.章

转场：为素
材的切换添
加新意

用户在制作视频时，可以根据不同场景的需要，
添加合适的转场效果，让画面之间的切换更加自然、
流畅。不管是剪映电脑版还是 Premiere 中都包含大
量的转场过渡效果，本章将为大家详细介绍添加和制
作视频转场效果的方法，让你的视频具有更强的视觉
冲击力。

6.1 剪映中的转场操作

　　剪映提供了"热门"、VIP、"叠化""运镜""模糊""幻灯片""光效""拍摄""扭曲""故障""分割""自然""MG 动画""互动 emoji"和"综艺"15 种类型的转场效果，为视频添加合适的转场效果，能丰富视频的画面效果。除了为视频添加剪映自带的转场之外，用户还可以运用剪映的其他功能制作独特的转场效果。

扫码看效果

6.1.1　添加和删除转场

扫码看视频

　　【效果展示】在剪映中可以一键为多个素材之间添加同一个转场效果，也可以删除添加的相同转场效果，重新添加不同的转场，让素材的切换更多变，效果如图 6-1 所示。

图 6-1　效果展示

　　在剪映电脑版中，添加和删除转场的操作方法如下。

　　▶▶ STEP01 在"媒体"功能区中导入 3 段视频素材和背景音乐，如图 6-2 所示。

▶▷ STEP02 将视频素材依次导入视频轨道，拖动时间指示器至第 1 段素材的结束位置，如图 6-3 所示。

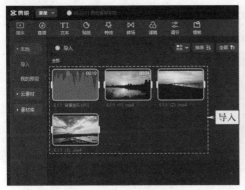

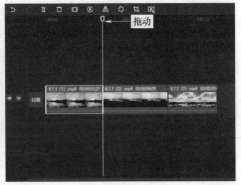

图 6-2 导入相应的素材 　　　　图 6-3 拖动时间指示器至第 1 段

素材的结束位置

▶▷ STEP03 ❶切换至"转场"功能区；❷在"叠化"选项卡中单击"叠化"转场右下角的"添加到轨道"按钮✚，如图 6-4 所示，即可在第 1 段和第 2 段素材之间添加一个转场。

▶▷ STEP04 在"转场"操作区中，❶设置"时长"参数为 1.0s，让转场效果存在的时间更长；❷单击"应用全部"按钮，如图 6-5 所示，即可在第 2 段和第 3 段素材之间添加一个相同的"叠化"转场。

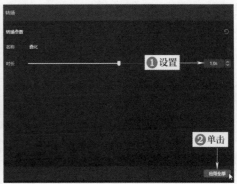

图 6-4 单击"添加到轨道"按钮（1） 　　图 6-5 单击"应用全部"按钮

▶▷ STEP05 如果想删除添加的转场，❶选择第 2 段和第 3 段素材之间的"叠化"转场；❷单击"删除"按钮▢，如图 6-6 所示，即可删除选择的转场。

▶▷ STEP06 拖动时间指示器至第 2 段素材的结束位置，在"转场"功能区的

"叠化"选项卡中，单击"水墨"转场右下角的"添加到轨道"按钮➕，如图 6-7 所示，即可在第 2 段和第 3 段素材之间添加一个"水墨"转场。

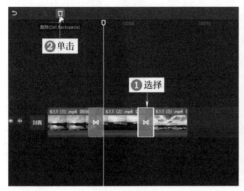 

图 6-6　单击"删除"按钮　　　　图 6-7　单击"添加到轨道"按钮（2）

▶▶ STEP07 在"转场"操作区中，设置"水墨"转场的"时长"参数为 1.0s，如图 6-8 所示。

▶▶ STEP08 拖动时间指示器至视频起始位置，❶切换至"滤镜"功能区；❷在"露营"选项卡中单击"宿营"滤镜右下角的"添加到轨道"按钮➕，如图 6-9 所示，添加一个滤镜。

▶▶ STEP09 在"滤镜"操作区中设置"宿营"滤镜的"强度"参数为 60，如图 6-10 所示，调整滤镜的作用效果。

▶▶ STEP10 ❶调整滤镜的持续时长；❷将背景音乐添加到音频轨道中，如图 6-11 所示，即可完成转场的添加和删除，在"播放器"面板中可以预览视频效果。

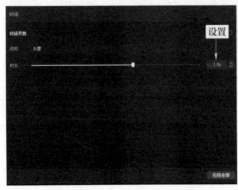 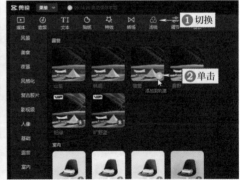

图 6-8　设置"时长"参数　　　　图 6-9　单击"添加到轨道"按钮（3）

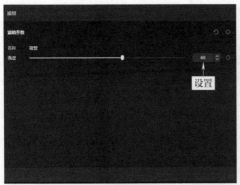
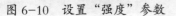

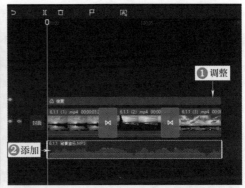

图 6-10　设置"强度"参数　　　图 6-11　将背景音乐添加到音频轨道

6.1.2　设置转场的持续时长

【效果展示】为视频添加合适的转场效果，并设置转场的持续时长，可以让素材之间的切换更流畅，增加视频的趣味性，效果如图 6-12 所示。

扫码看效果

扫码看视频

图 6-12　效果展示

在剪映电脑版中，设置转场持续时长的操作方法如下。

▶▶ STEP01 在"本地"选项卡中导入 2 段视频素材和背景音乐，将 2 段视频素材导入视频轨道，拖动时间指示器至第 1 段素材的结束位置，如图 6-13 所示。

▶▶ STEP02 ❶切换至"转场"功能区；❷在"叠化"选项卡中单击"云朵"转场右下角的"添加到轨道"按钮➕，如图 6-14 所示，在第 1 段和第 2 段素材之间添加一个转场。

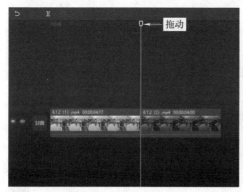

图 6-13　拖动时间指示器至相应位置　　　图 6-14　单击"添加到轨道"按钮

▶▶ STEP03 在"转场"操作区中，设置"时长"参数为 2.0s，如图 6-15 所示，让转场的持续效果更长。

▶▶ STEP04 在视频起始位置添加一个默认文本，调整文本的时长，如图 6-16 所示。

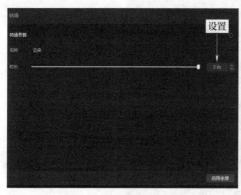

图 6-15　设置"时长"参数　　　　　图 6-16　调整文本的时长

▶▶ STEP05 在"文本"操作区的"基础"选项卡中，❶输入文字内容；❷设置合适的字体；❸设置一个预设样式，如图 6-17 所示。

▶▶ STEP06 ❶切换至"动画"操作区；❷在"入场"选项卡中选择"闪动"动画；❸设置入场动画的"动画时长"参数为 1.0s，如图 6-18 所示。

▶▷ STEP07 ❶切换至"出场"选项卡；❷选择"羽化向右擦除"动画；❸设置出场动画的"动画时长"参数为 1.5s，如图 6-19 所示，制作出文字随着转场而消失的效果。

▶▷ STEP08 在"播放器"面板中调整文字的大小和位置，如图 6-20 所示，为视频添加合适的背景音乐。

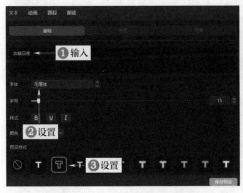
图 6-17　设置预设样式

图 6-18　设置"动画时长"参数（1）

图 6-19　设置"动画时长"参数（2）

图 6-20　调整文字的大小和位置

6.1.3　制作破碎转场

【效果展示】破碎转场的效果给人一种画面破碎飘散的感觉，很适合用在场景画面差异或颜色差异较大的视频中，破碎感会更加明显，效果如图 6-21 所示。

扫码看效果

扫码看视频

图 6-21　效果展示

在剪映电脑版中，制作破碎转场的操作方法如下。

▶▶ STEP01 在剪映中导入两段视频素材和绿幕素材，如图 6-22 所示。

▶▶ STEP02 将第 1 段视频素材和绿幕素材分别添加到视频轨道和画中画轨道，如图 6-23 所示。

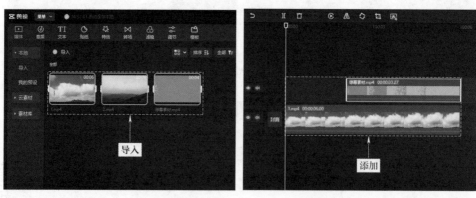

图 6-22　导入相应的素材　　　　图 6-23　添加视频素材

▶▶ STEP03 拖动时间指示器至相应位置，❶切换至"画面"操作区的"抠像"选项卡；❷选中"色度抠图"复选框；❸单击"取色器"按钮 🖉；❹拖动取色器对画面中的蓝色进行取样，如图 6-24 所示。

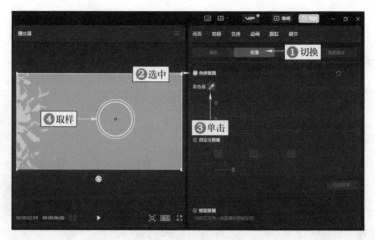

图 6-24　取样画面中的蓝色

▶▶ STEP04 ❶设置"强度"和"阴影"参数均为 100；❷此时在预览窗口可以看到画面中的蓝色已被抠除，如图 6-25 所示，单击"导出"按钮，即可将合成的视频导出。

图 6-25　抠除画面中的蓝色

>> 专家指点 >>>>>>.. .>>>> .>>>

　　用户在运用"色度抠图"功能进行颜色抠除时，"强度"和"阴影"参数的设置非常重要，不同的参数会呈现出不同的画面效果，因此，用户要根据素材的实际情况灵活调整参数，以获得更好的视频效果。

▶▶ STEP05 在剪映中导入上一步导出的合成视频，如图 6-26 所示。

▶▶ STEP06 清空视频轨道和画中画轨道，将第 2 段视频素材和合成视频分别添加到视频轨道和画中画轨道上，如图 6-27 所示。

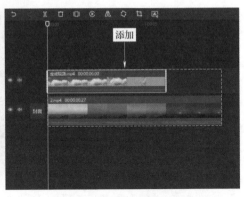

图 6-26　导入视频素材　　　　　　　图 6-27　重新添加素材

▶▶ STEP07 拖动时间指示器至合成视频的末尾，在"画面"操作区的"抠像"选项卡中，❶运用"色度抠图"功能，通过取色器对画面中的绿色进行取样；❷设置"强度"和"阴影"参数均为 100；❸此时预览窗口中的绿色已被抠除，如图 6-28 所示，即可完成破碎转场的制作。

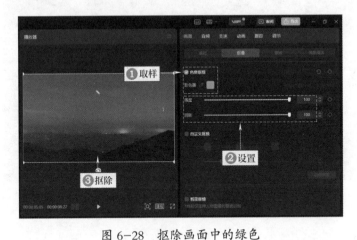

图 6-28　抠除画面中的绿色

扫码看效果

扫码看视频

6.1.4　制作动画转场

【效果展示】为视频素材添加不同的动画，也可以制作出动态的转场效果，如图 6-29 所示。

图 6-29 效果展示

在剪映电脑版中，制作动画转场的操作方法如下。

▶▶ STEP01 在"本地"选项卡中导入 4 段视频素材和一段背景音乐，如图 6-30 所示。

▶▶ STEP02 将 4 段视频素材按顺序导入视频轨道，选择第 1 段素材，❶切换至"动画"操作区；❷展开"出场"选项卡；❸选择"放大"动画，如图 6-31 所示，即可为第 1 段素材添加 1 个"放大"出场动画。

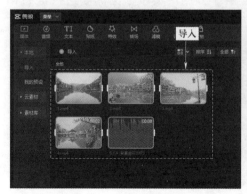

图 6-30 导入相应的素材

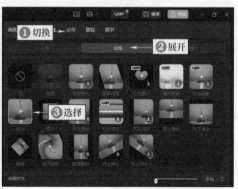

图 6-31 选择"放大"动画

▶▷ STEP03 用与上相同的方法，为第 2 段素材添加"缩小"入场动画和"旋转闭幕"出场动画、为第 3 段素材添加"旋转开幕"入场动画和"漩涡旋转"出场动画、为第 4 段素材添加"漩涡旋转"入场动画，如图 6-32 所示，即可通过添加动画让素材之间的切换变得流畅。

▶▷ STEP04 将背景音乐添加到音频轨道中，如图 6-33 所示，即可完成动画转场的制作。

 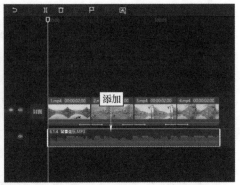

图 6-32　添加相应的动画　　　　　图 6-33　添加背景音乐

6.2　Premiere 中的转场操作

　　用户可以在两个镜头之间添加视频过渡效果，使得镜头与镜头之间的转场更为平滑。而 Premiere 为用户提供了多种多样的转场效果，根据不同的类型，系统将其分别归类在不同的文件夹中，用户可以根据需要进行查看和使用。

扫码看效果

扫码看视频

6.2.1　添加转场效果

　　【效果说明】在 Premiere 中，转场效果被放置在"效果"面板的"视频过渡"文件夹中，用户只需将转场效果拖入视频轨道中即可，效果如图 6-34 所示。

图 6-34　效果展示

在 Premiere 中，添加转场效果的操作方法如下。

▶▷ STEP01 打开一个项目文件，如图 6-35 所示。

▶▷ STEP02 ❶切换至"效果"面板；❷展开"视频过渡"选项，如图 6-36
所示。

图 6-35　打开一个项目文件　　　图 6-36　展开"视频过渡"选项

▶▷ STEP03 执行操作后，❶在其中展开 lris（划像）选项；❷在下方选择 lris
Round（圆划像）效果，如图 6-37 所示。

▶▷ STEP04 按住鼠标左键将 lris Round（圆划像）效果拖动至 V1 轨道的
2 个素材之间，如图 6-38 所示，即可添加选择的转场效果。

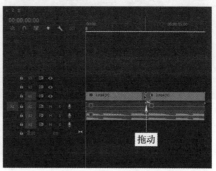

图 6-37　选择 lris Round 效果　　　图 6-38　拖动转场效果

扫码看效果

扫码看视频

6.2.2 设置转场的时长

【效果说明】在 Premiere 中，为视频之间添加转场效果后，还可以对转场的时长进行设置，效果如图 6-39 所示。

图 6-39 效果展示

在 Premiere 中，设置转场时长的操作方法如下。

▶▷ STEP01 打开一个项目文件，如图 6-40 所示。

▶▷ STEP02 在"节目监视器"面板中可以查看素材画面，如图 6-41 所示。

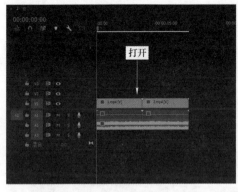

图 6-40 打开一个项目文件　　　　图 6-41 查看素材画面

▶▷ STEP03 在"效果"面板中，❶依次展开"视频过渡"|"溶解"选项；❷在其中选择"交叉溶解"效果，如图 6-42 所示。

▶▶ STEP04 按住鼠标左键将"交叉溶解"效果拖动至 V1 轨道的两个素材之间，即可在两个素材文件之间添加相应的转场效果，如图 6-43 所示。

▶▶ STEP05 在"时间轴"面板中选择"交叉溶解"效果，在"效果控件"面板中设置"持续时间"为 00:00:00:40，如图 6-44 所示，即可延长转场的效果时间。

▶▶ STEP06 执行上述操作后，即可在"节目监视器"面板中查看"交叉溶解"效果，如图 6-45 所示。

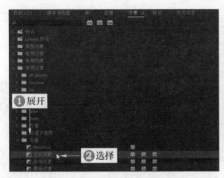

图 6-42　选择"交叉溶解"效果

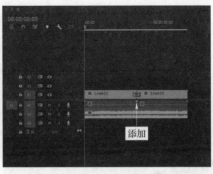

图 6-43　添加"交叉溶解"效果

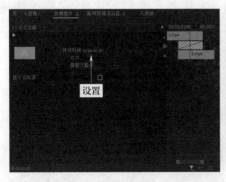

图 6-44　设置"持续时间"

图 6-45　查看"交叉溶解"
效果

扫码看效果

6.2.3　为转场设置反向效果

【效果说明】在 Premiere 中，用户可以根据需要对添加的转场效果

扫码看视频

设置作用方向，效果如图 6-46 所示。

图 6-46　效果展示

在 Premiere 中，为转场设置反向效果的操作方法如下。

▶▷ STEP01 打开一个项目文件并预览项目效果，如图 6-47 所示。

图 6-47　预览项目效果

▶▷ STEP02 在"时间轴"面板中，选择转场效果，如图 6-48 所示。

▶▷ STEP03 执行操作后，展开"效果控件"面板，如图 6-49 所示。

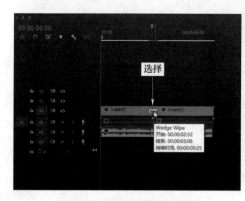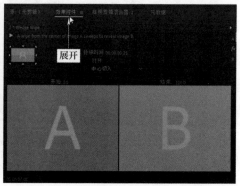

图 6-48　选择转场效果　　　　　　图 6-49　展开"效果控件"面板

▶▶ STEP04 在"效果控件"面板中，选中"反向"复选框，如图 6-50 所示，使效果反向播放。

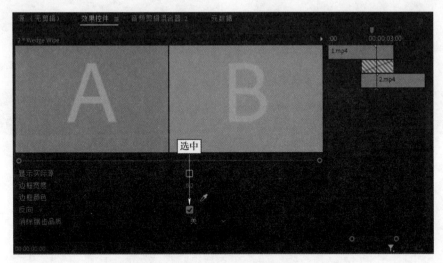

图 6-50　选中"反向"复选框

扫码看效果

扫码看视频

6.2.4　设置转场边框

【效果说明】在 Premiere 中，不仅可以执行对齐转场、设置转场播放时间及反向效果等操作，还可以设置边框宽度和边框颜色，效果如图 6-51 所示。

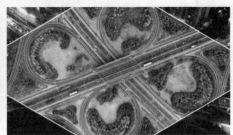

图 6-51　效果展示

在 Premiere 中，设置转场边框的操作方法如下。

▶▶ STEP01 打开一个项目文件，并预览项目效果，如图 6-52 所示。

▶▶ STEP02 在"时间轴"面板中，选择转场效果，如图 6-53 所示。

图 6-52　预览项目效果

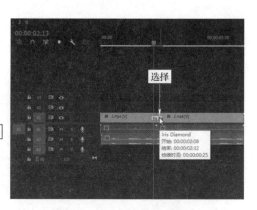

图 6-53　选择转场效果

▶▶ STEP03 在"效果控件"面板中，单击"边框颜色"右侧的色块，弹出"拾色器"对话框，在其中设置 RGB 颜色值为 248、252、247，如图 6-54 所示。

▶▶ STEP04 单击"确定"按钮，在"效果控件"面板中设置"边框宽度"为 8.0，如图 6-55 所示，执行操作后，在"节目监视器"面板中即可预览设置边框颜色后的转场效果。

图 6-54　设置 RGB 颜色值

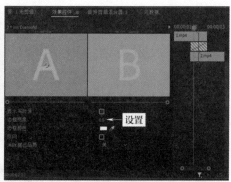

图 6-55　设置"边框宽度"参数

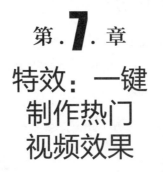

第.7.章

特效：一键
制作热门
视频效果

在剪辑中，无论是为视频添加软件自带的特效，
还是运用多种功能制作出特效效果，都能增加视频的
新意，丰富视频的内容，从而让自己的短视频脱颖而
出，抓住观众的视线。本章介绍在剪映电脑版和
Premiere 中添加与制作特效的操作方法。

7.1 剪映中的特效操作

剪映自带了非常丰富的特效素材库，并贴心地进行了分类，用户可以轻松地从庞大的特效素材库中挑选出自己需要的特效。除了添加剪映自带的特效之外，用户还可以运用剪映强大的功能制作出新奇的特效视频。

扫码看效果

7.1.1 添加单个特效

扫码看视频

【效果展示】在剪映中可以为视频添加单个特效，例如，为视频添加"边框"特效选项卡中的"录制边框Ⅱ"特效，从而增加视频的个性和趣味性，效果如图 7-1 所示。

图 7-1　效果展示

在剪映电脑版中，添加单个特效的操作方法如下。

▶▷ STEP01 将素材添加到视频轨道中，如图 7-2 所示。

▶▷ STEP02 ❶切换至"特效"功能区；❷展开"画面特效"|"边框"选项卡；

❸单击"录制边框Ⅱ"特效右下角的"添加到轨道"按钮 ➕，如图 7-3 所示，
即可为视频添加一个边框特效。

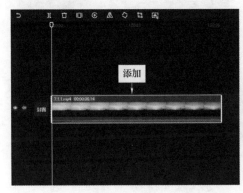
图 7-2　将素材添加到视频轨道

图 7-3　单击"添加到轨道"按钮

▶▶ STEP03 调整"录制边框Ⅱ"特效的时长，如图 7-4 所示，使其与视频的
时长保持一致。

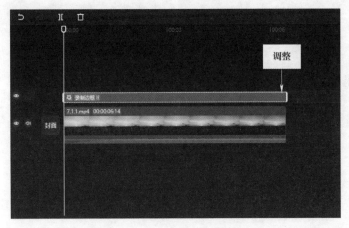
图 7-4　调整特效的时长

7.1.2　添加多个特效

【效果展示】为素材添加"基础"特效选项卡中的"开幕"特效和
"全剧终"特效，就可以轻松为视频添加片头片尾效果，如图 7-5
所示。

扫码看效果

扫码看视频

图 7-5　效果展示

在剪映电脑版中，添加多个特效的操作方法如下。

▶▶ STEP01 将素材添加到视频轨道中，如图 7-6 所示。

▶▶ STEP02 ❶切换至"特效"功能区；❷在"画面特效"|"基础"选项卡中单击"开幕"特效右下角的"添加到轨道"按钮➕，如图 7-7 所示。

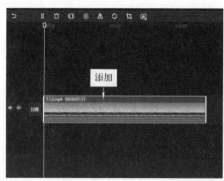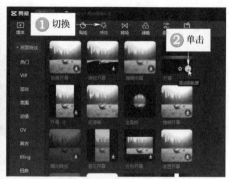

图 7-6　将素材添加到视频轨道中　　图 7-7　单击"添加到轨道"按钮（1）

▶▶ STEP03 执行操作后，即可为视频添加一个"开幕"特效，如图 7-8 所示。

▶▶ STEP04 拖动时间指示器至 00:00:05:18 的位置，如图 7-9 所示。

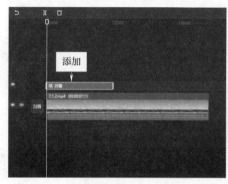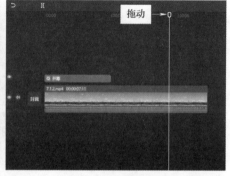

图 7-8　添加"开幕"特效　　　图 7-9　拖动时间指示器至相应位置

▶▶ STEP05 在"基础"选项区中单击"全剧终"特效右下角的"添加到轨道"按钮➕，为视频添加一个闭幕效果，如图 7-10 所示。

▶▶ STEP06 调整"全剧终"特效的持续时长，如图 7-11 所示。

 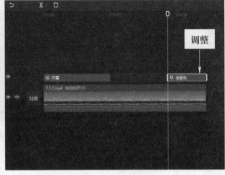

图 7-10　单击"添加到轨道"按钮（2）　　图 7-11　调整特效的时长

扫码看效果

7.1.3　制作滑屏出字特效

【效果展示】这段字幕特效主要是从上下两边向中间滑屏，露出黑底和字幕，再添加一些电影贴纸，从而制作出滑屏出字特效，效果展示如图 7-12 所示。

扫码看视频

图 7-12　效果展示

在剪映电脑版中，制作滑屏出字特效的操作方法如下。

▶▶ STEP01 在剪映中添加两段默认文本，❶分别输入相应的内容，并选择合适的字体，调整文字的大小和位置，时长都设置为 8s；❷单击"导出"按钮，如图 7-13 所示，导出文字素材备用。

图 7-13　单击"导出"按钮

>> 专家指点 >>>>>>.. .>>>> .>>>

　　在剪映电脑版中，即便在视频轨道或画中画轨道中不添加任何素材，只要添加了音频、文本、贴纸、特效、滤镜或调节素材，就可以作为视频导出，视频的时长取决于添加的素材时长。

▶▶ STEP02 新建一个草稿文件，在"本地"选项卡中导入背景素材、黑场素材和上一步导出的文字素材，单击背景素材右下角的"添加到轨道"按钮，如图 7-14 所示。

▶▶ STEP03 将背景素材添加到视频轨道中，在视频 4s 的位置拖动文字素材至画中画轨道中，如图 7-15 所示。

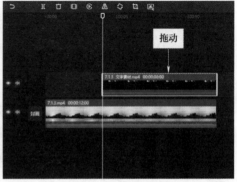

图 7-14　单击"添加到轨道"按钮（1）　图 7-15　将文字素材拖动至画中画轨道

130

▶▶ STEP04 设置文字素材的"混合模式"为"正片叠底"模式，即可将文字过滤出来，如图 7-16 所示。

▶▶ STEP05 在视频 4s 的位置将黑场素材添加至第 2 条画中画轨道中，如图 7-17 所示。

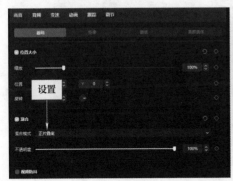

图 7-16　设置"混合模式"为"正片
　　　　　叠底"模式

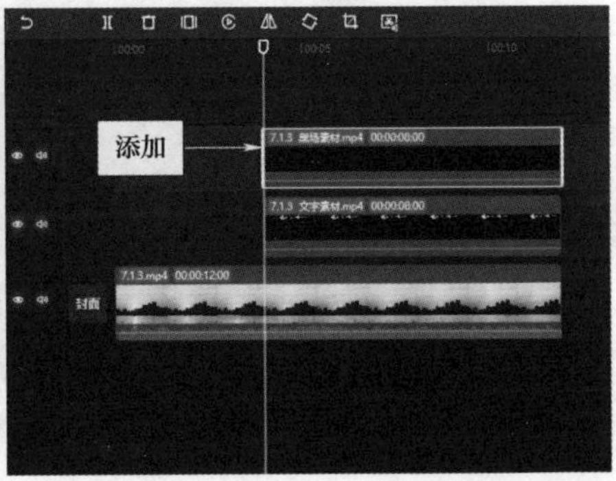

图 7-17　添加黑场素材

▶▶ STEP06 ❶在 4s 的位置调整黑场素材，使其处于画面的最下方；❷为"位置"选项添加关键帧◆，如图 7-18 所示。

图 7-18　添加关键帧（1）

▶▶ STEP07 在视频 7s 的位置通过设置"位置"参数来调整黑场素材的位置，如图 7-19 所示，制作出向上滑动的效果。

▶▶ STEP08 拖动时间指示器至 4s 的位置，选择文字素材，❶切换至"蒙版"选项卡；❷选择"线性"蒙版；❸调整蒙版的位置，使其处于画面最上方；❹为"位置"参数添加关键帧◆，如图 7-20 所示。

▶▶ STEP09 在视频 7s 的位置调整蒙版的位置，使其向下滑屏，如图 7-21 所示。

图 7-19　设置"位置"参数

图 7-20　添加关键帧（2）

图 7-21　调整蒙版的位置

▶▷ STEP10 ❶切换至"贴纸"功能区；❷在搜索框中搜索"电影"贴纸；❸单击所选贴纸右下角的"添加到轨道"按钮➕，如图 7-22 所示，在视频 7s 的位置添加第 1 段电影贴纸。

▶▷ STEP11 在 7s 的位置继续添加第 2 段电影贴纸，并调整两段贴纸的时长，如图 7-23 所示。

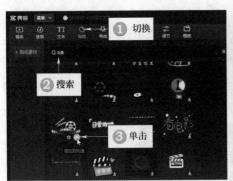
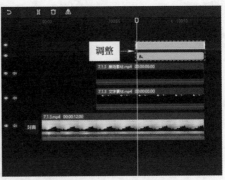

图 7-22　单击"添加到轨道"按钮（2）　　图 7-23　调整 2 段贴纸的时长

▶▷ STEP12 在"播放器"面板中调整两段贴纸的大小和位置，❶在操作区中单击"动画"按钮；❷选择"渐显"入场动画；❸设置"动画时长"参数为 3.0s，如图 7-24 所示，2 段贴纸都是同样的动画设置。

图 7-24　设置"动画时长"参数

7.1.4　制作定格片尾特效

扫码看效果

扫码看视频

【效果展示】通过定格画面和滤镜制作照片变旧的效果，然后添加动态贴纸，就能制作定格片尾特效，与电影《悬崖之上》的片尾有些相似，效果如图 7-25 所示。

图 7-25　效果展示

在剪映电脑版中，制作定格片尾特效的操作方法如下。

▶▶ STEP01　在剪映电脑版中导入视频和背景音乐，将视频和背景音乐分别添加到视频轨道和音频轨道中，❶拖动时间指示器至视频的结束位置；❷单击"定格"按钮▣，如图 7-26 所示。

▶▶ STEP02　执行操作后，在视频末尾会生成一段 3s 的定格素材，设置定格素材的时长为 6s，如图 7-27 所示。

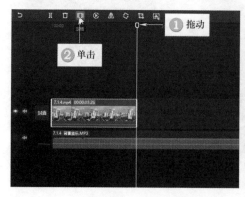

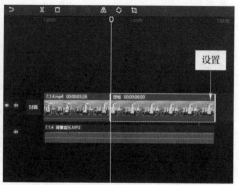

图 7-26　单击"定格"按钮　　　　图 7-27　设置定格素材的时长

▶▷ STEP03 在定格素材的起始位置为"缩放"和"位置"选项添加关键
帧◆，如图 7-28 所示。

图 7-28　添加关键帧

▶▷ STEP04 拖动时间指示器至视频 6s 的位置，调整定格素材的画面大小和位
置，如图 7-29 所示。

图 7-29　调整定格素材的画面大小和位置

▶▷ STEP05 ❶切换至"贴纸"功能区；❷搜索"告别"贴纸；❸单击相应贴
纸右下角的"添加到轨道"按钮◆，如图 7-30 所示，在 6s 的位置为视频添加
1 个贴纸。

▶▷ STEP06 调整贴纸的持续时长，如图 7-31 所示。

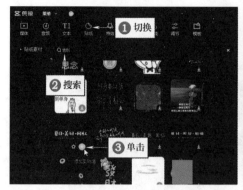 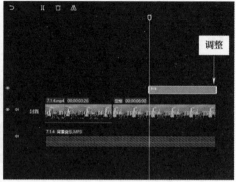

图 7-30　单击"添加到轨道"按钮（1）　　图 7-31　调整贴纸的持续时长

▶▶ STEP07 ❶切换至"动画"操作区；❷选择"渐显"入场动画；❸设置"动画时长"参数为 1.5s；❹调整贴纸的大小和位置，如图 7-32 所示。

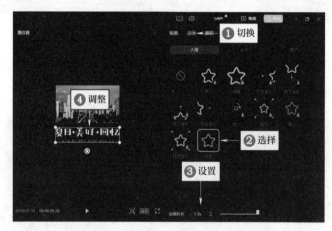

图 7-32　调整贴纸的大小和位置

▶▶ STEP08 拖动时间指示器至定格素材的起始位置，❶切换至"滤镜"功能区；❷展开"黑白"选项卡；❸单击"布朗"滤镜右下角的"添加到轨道"按钮 ➕，如图 7-33 所示，即可添加滤镜，制作出老照片效果。

▶▶ STEP09 调整"布朗"滤镜的时长，使滤镜的末尾位置对齐定格素材的末尾位置，如图 7-34 所示。

▶▶ STEP10 ❶在"布朗"滤镜的起始位置为"强度"选项添加关键帧 ◆；❷设置"强度"参数为 0，如图 7-35 所示。

▶▶ STEP11 拖动时间指示器至贴纸的起始位置，设置"强度"参数为 100，制作画面慢慢变成旧照片的效果，如图 7-36 所示。

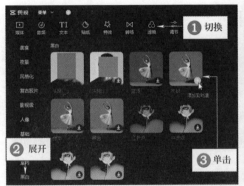
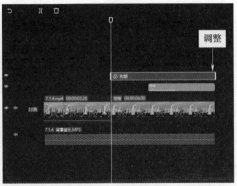

图 7-33　单击"添加到轨道"按钮（2）　　图 7-34　调整"布朗"滤镜的时长

图 7-35　设置"强度"参数（1）

图 7-36　设置"强度"参数（2）

7.2 Premiere 中的特效操作

Adobe Premiere Pro 2022 根据视频效果的作用，将提供的 160 种视频效果分为 19 个类型，并放置在"效果"面板中的"视频效果"选项文件夹中，用户根据需要选择合适的视频效果，并将其拖动至相应的视频上，即可添加该视频效果。本节将为大家介绍视频效果的基础知识、制作画面翻转特效和添加镜头光晕效果的操作方法。

7.2.1 认识视频效果

在 Premiere 中，添加到"时间轴"面板的每个视频都会预先应用或内置固定效果。固定效果可控制剪辑的固有属性，用户可以在"效果控件"面板中调整所有的固定效果属性来激活它们。固定效果包括以下内容。

➢ 运动：包括多种属性，用于旋转和缩放视频，调整视频的防闪烁属性，或者将这些视频与其他视频进行合成。

➢ 不透明度：允许降低视频的不透明度，用于实现叠加、淡化和溶解之类的效果。

➢ 时间重映射：允许针对视频的任何部分减速、加速或倒放或者将帧冻结。通过提供微调控制，使这些变化加速或减速。

➢ 音量：控制视频中的音频音量。

除了这些固定效果之外，用户还可以从"效果"面板中挑选需要的效果进行添加。用户在"效果"面板中展开"视频效果"文件夹，如图 7-37 所示，即可查看所有的视频效果。

选择任意一个视频效果，将其拖动至素材上，即可为视频添加视频效果。添加了视频效果的素材中的"不透明度"按钮会变成紫色，以便于用户区分素材是否添加了视频效果，在"不透明度"按钮上右击，即可在弹出的列表框中查看添加的视频效果，如图 7-38 所示。

图 7-37　展开"视频效果"文件夹　　　图 7-38　查看添加的视频效果

　　为素材添加视频效果之后，用户还可以在"效果控件"面板中展开相应的效果选项，为添加的效果设置参数，如图 7-39 所示。

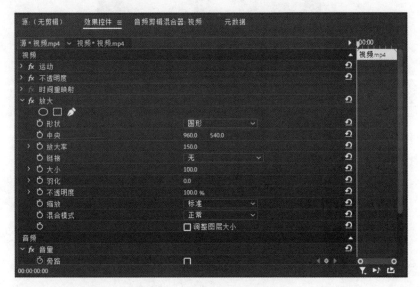

图 7-39　设置视频效果选项

7.2.2　制作画面翻转特效

　　【效果说明】在 Premiere 中，"水平翻转"视频效果可以将视频中的每一帧从左向右翻转。原图与效果对比如图 7-40 所示。

扫码看效果

扫码看视频

图 7-40　原图与效果对比

在 Premiere 中，制作画面翻转特效的操作方法如下。

▶▷ STEP01 打开一个项目文件，将"项目"面板中的视频素材拖动至"时间轴"面板的 V1 轨道中，如图 7-41 所示。

▶▷ STEP02 在"节目监视器"面板中可以查看素材画面，如图 7-42 所示。

▶▷ STEP03 在"效果"面板中，❶依次展开"视频效果"|"变换"选项；❷选择"水平翻转"视频效果，如图 7-43 所示。

▶▷ STEP04 将"水平翻转"视频效果拖动至"时间轴"面板中的素材文件上，释放鼠标左键，即可添加"水平翻转"视频效果，如图 7-44 所示。

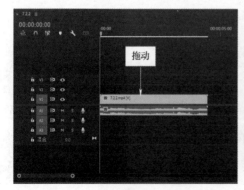

图 7-41　将素材拖动至轨道中

图 7-42　查看素材画面

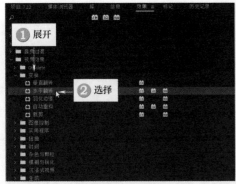

图 7-43 选择"水平翻转"视频效果

图 7-44 添加"水平翻转"效果

7.2.3 添加镜头光晕效果

【效果说明】在 Premiere 中，"镜头光晕"视频效果用于修改明暗分界点的差值，以产生光线折射效果。原图与效果对比如图 7-45 所示。

扫码看效果

扫码看视频

图 7-45 原图与效果对比

在 Premiere 中，添加"镜头光晕"效果的操作方法如下。

▶▷ STEP01 打开一个项目文件，将"项目"面板中的视频素材拖动至"时间轴"面板的 V1 轨道中，如图 7-46 所示。

▶▷ STEP02 在"效果"面板中，❶依次展开"视频效果"|"生成"选项；❷在其中选择"镜头光晕"视频效果，如图 7-47 所示。

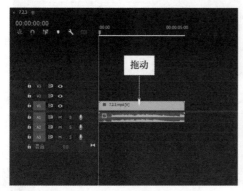

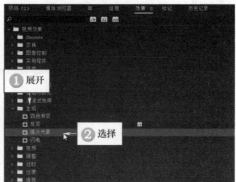

图 7-46　将素材拖动至轨道中　　　　图 7-47　选择"镜头光晕"选项

▶▷ STEP03 按住鼠标左键将"镜头光晕"视频效果拖动至 V1 轨道中的素材上，释放鼠标左键，即可为视频添加该效果，如图 7-48 所示。

▶▷ STEP04 在"效果控件"面板中，设置"光晕中心"坐标为（0.0、600.0）、"光晕亮度"参数为 120%、"与原始图像混合"参数为 30%，如图 7-49 所示，调整镜头光晕的效果。

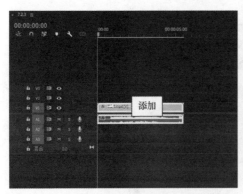

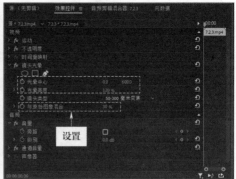

图 7-48　添加"镜头光晕"视频效果　　　图 7-49　设置相应参数

第 . **8** . 章

蒙版与关键帧：制作遮罩和运动特效

"蒙版"与"关键帧"是制作视频遮罩和运动特效时不可或缺的功能。相比于直接添加动画或特效，运用"蒙版"和"关键帧"功能制作出的运动效果更多样、更自由，用户可以根据喜好和需求制作出独一无二的效果。本章主要介绍在剪映电脑版和 Premiere 中制作遮罩与运动特效的操作方法。

8.1 剪映中的蒙版与关键帧操作

剪映中的"蒙版"功能一共有 6 种样式，分别是"线性""镜面""圆形""矩形""爱心"和"星形"，运用不同样式的蒙版可以制作出不同的视频效果。而"关键帧"功能可以和"蒙版""文本"等功能搭配使用，制作出运动特效。

扫码看效果

扫码看视频

8.1.1 制作马赛克遮罩

【效果展示】当要用来剪辑的视频中有水印时，可以通过剪映的"模糊"特效和"矩形"蒙版，遮挡视频中的水印。原图与效果对比如图 8-1 所示。

图 8-1 原图与效果对比

在剪映电脑版中，制作马赛克遮罩的操作方法如下。

▶▷ STEP01 将原视频素材添加到视频轨道中，如图 8-2 所示。

▶▷ STEP02 ❶切换至"特效"功能区；❷在"画面特效"l"基础"选项卡中单击"模糊"特效右下角的"添加到轨道"按钮 ➕，如图 8-3 所示，为视频添加一个"模糊"特效。

▶▷ STEP03 调整"模糊"特效的持续时长，如图 8-4 所示，使其与视频时长保持一致。

▶▷ STEP04 在"特效"操作区中拖动滑块，设置"模糊度"参数为 100，如图 8-5 所示，加强特效的模糊效果。

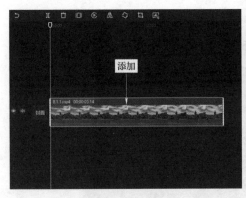

图 8-2　将素材添加到视频轨道

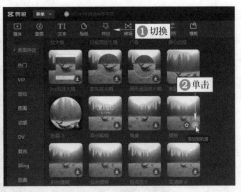

图 8-3　单击"添加到轨道"按钮

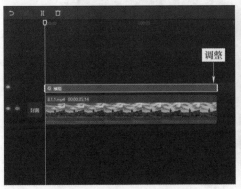

图 8-4　调整特效时长

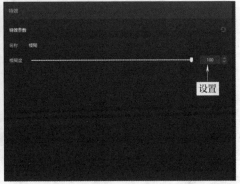

图 8-5　设置"模糊度"参数

▶▶ STEP05 单击"导出"按钮，将制作好的模糊视频导出备用，导出完成后，在特效轨道删除"模糊"特效，在"本地"选项卡中导入模糊视频，如图 8-6 所示。

▶▶ STEP06 将模糊视频拖动至画中画轨道，如图 8-7 所示。

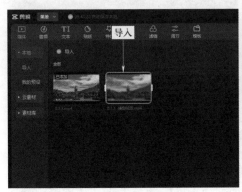

图 8-6　导入模糊视频

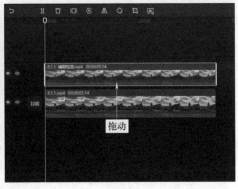

图 8-7　将模糊视频拖动至画中画轨道

▶▷ STEP07 ❶切换至"蒙版"选项卡；❷选择"矩形"蒙版；❸在"播放器"
面板中调整蒙版的位置和大小，如图 8-8 所示，使模糊效果遮住水印。

图 8-8　调整蒙版的位置和大小

扫码看效果

扫码看视频

8.1.2　制作调色对比视频

【效果展示】在剪映中运用"线性"蒙版可以制作调色滑屏对比视
频，将调色前和调色后的两个视频合成在一个视频场景中，随着蒙版的
移动，调色前的视频画面逐渐消失，调色后的视频画面逐渐显现，效果
如图 8-9 所示。

图 8-9　效果展示

在剪映电脑版中，制作调色对比视频的操作方法如下。

▶▷ STEP01 将背景音乐和视频素材添加到"本地"选项卡中，将视频素材添
加到视频轨道，❶切换至"滤镜"功能区；❷展开"复古胶片"选项卡；❸单击

"普林斯顿"滤镜右下角的"添加到轨道"按钮![+]，如图 8-10 所示，为视频添加一个滤镜进行调色。

▶▶ STEP02 调整"普林斯顿"滤镜的持续时长，如图 8-11 所示。

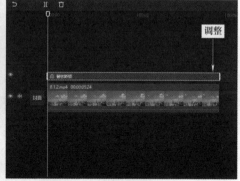

图 8-10　单击"添加到轨道"按钮　　　图 8-11　调整滤镜时长

▶▶ STEP03 在"滤镜"操作区设置滤镜"强度"参数为 70，如图 8-12 所示，减弱滤镜的效果。

▶▶ STEP04 将调色视频导出备用，删除添加的滤镜，在"本地"选项卡中导入调色视频，并将其拖动至画中画轨道，如图 8-13 所示。

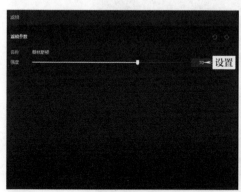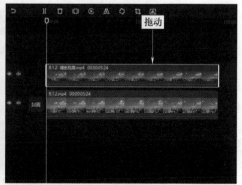

图 8-12　设置"强度"参数　　　图 8-13　将调色视频拖动至画中画轨道

▶▶ STEP05 ❶切换至"蒙版"选项卡；❷选择"线性"蒙版；❸调整蒙版的位置和旋转角度，使其位于画面最左侧的位置；❹单击"反转"按钮![]；❺点亮"位置"右侧的关键帧按钮![]，如图 8-14 所示。

▶▶ STEP06 拖动时间指示器至视频结束位置，在"播放器"面板中调整蒙版的位置，如图 8-15 所示，即可制作出滑屏的效果，方便用户预览调色的前后对比。

图 8-14　点亮关键帧按钮

图 8-15　调整蒙版的位置

▶▷ STEP07 将背景音乐添加到音频轨道中，如图 8-16 所示，即可完成调色对比视频的制作。

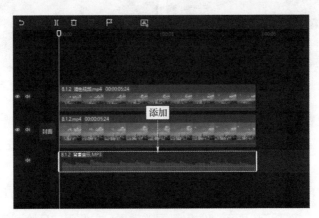

图 8-16　添加背景音乐

8.1.3　制作运镜效果

【效果展示】给视频的"位置"和"缩放"参数添加关键帧，就可以让画面变大或者变小，从而让视频像用推拉运镜拍摄出来的画面一样，效果展示如图 8-17 所示。

扫码看效果

扫码看视频

图 8-17　效果展示

在剪映电脑版中，制作运镜效果的操作方法如下。

▶▷ STEP01 添加视频后，在"缩放"和"位置"选项右侧添加关键帧◆，如图 8-18 所示。

图 8-18　添加关键帧

▶▷ STEP02 拖动时间指示器至 4s 的位置，❶在"画面"操作区中设置"缩放"参数为 120%；❷调整视频画面的位置，如图 8-19 所示，即可制作出推镜头画面放大的效果。

图 8-19　调整视频画面的位置

▶▶ STEP03 拖动时间指示器至视频结束位置，❶在"画面"操作区中设置"缩放"参数为 100%、"位置"选项的 X 参数为 0、Y 参数为 0；❷即可使画面的位置和大小复原，如图 8-20 所示，制作出后拉镜头画面缩小的效果。

图 8-20　使画面的位置和大小复原

扫码看效果

8.1.4　制作移动水印

【效果展示】静止不动的水印容易被马赛克涂抹掉，或者被挡住，因此，给视频加移动水印才是最保险的，效果展示如图 8-21 所示。

扫码看视频

图 8-21　效果展示

在剪映电脑版中，制作移动水印的操作方法如下。

▶▷ STEP01 将视频素材添加到视频轨道中，并添加一个默认文本，调整文本时长，使其与视频时长一致，如图 8-22 所示。

▶▷ STEP02 在 "文本" 操作区中，❶输入水印内容；❷设置一个合适的字体，如图 8-23 所示。

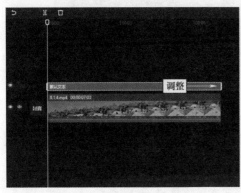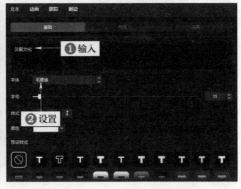

图 8-22　调整文本的时长　　　　　图 8-23　设置相应字体

▶▷ STEP03 ❶设置文字的 "不透明度" 参数为 60%；❷在预览区域调整文字的大小和位置，使其处于画面的左上角位置；❸点亮 "位置" 选项右侧的关键帧按钮◆，如图 8-24 所示。

▶▷ STEP04 拖动时间指示器至 2s 的位置，❶调整文字的位置；❷ "位置" 选项右侧的关键帧按钮◆会自动点亮，如图 8-25 所示，即可制作出第 1 段水印移动效果。

▶▷ STEP05 用与上相同的方法，分别在 4s 和视频的结束位置调整水印文字的位置，如图 8-26 所示，即可完成移动水印效果的制作。

图 8-24   点亮关键帧按钮

图 8-25   自动点亮关键帧按钮

图 8-26   调整水印文字的位置

8.2　Premiere 中的蒙版与关键帧操作

在 Premiere 中，用户可以通过添加视频效果或设置视频属性制作出画面叠加效果，还可以通过设置关键帧来制作视频的运动、大小及位置等变化，使视频更具观赏性。

扫码看效果

8.2.1　制作马赛克遮罩

【效果说明】在 Premiere 中，"马赛克"视频效果可以用于遮盖人物脸部，或者遮盖视频中的水印和瑕疵等。原图与效果对比如图 8-27 所示。

扫码看视频

图 8-27　原图与效果对比

在 Premiere 中，制作马赛克遮罩的操作方法如下。

▶▶ STEP01 打开一个项目文件并预览项目效果，如图 8-28 所示。

图 8-28　预览项目效果

▶▷ STEP02 在"效果"面板中，❶展开"视频效果"|"风格化"选项；❷选择"马赛克"视频效果，如图 8-29 所示。

▶▷ STEP03 按住鼠标左键并将"马赛克"视频效果拖动至"时间轴"面板 V1 轨道的素材上，释放鼠标左键即可添加相应的视频效果，如图 8-30 所示。

图 8-29　选择"马赛克"视频效果　　　图 8-30　添加视频效果

▶▷ STEP04 在"效果控件"面板中，❶展开"马赛克"选项；❷单击"创建 4 点多边形蒙版"按钮■，如图 8-31 所示。

▶▷ STEP05 在"节目监视器"面板中，拖动蒙版的 4 个控制点，调整蒙版的遮罩大小与位置，如图 8-32 所示，使水印刚好被遮住。

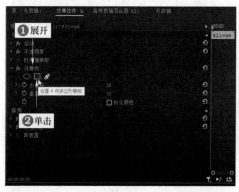

图 8-31　单击"创建 4 点多边形蒙版"　　图 8-32　调整蒙版的遮罩大小和位置
　　　　　　　　按钮

▶▷ STEP06 调整完成后，在"效果控件"面板中，设置"水平块"参数为 20、"垂直块"参数为 20，如图 8-33 所示，即可预览局部马赛克叠加效果。

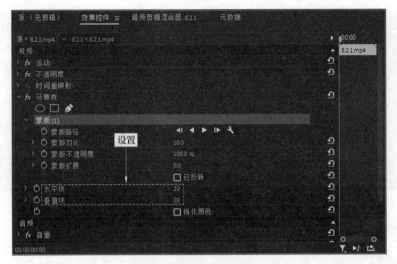

图 8-33 设置相应参数

扫码看效果

扫码看视频

8.2.2 制作椭圆形字幕遮罩

【效果说明】在 Premiere 中，使用"创建椭圆形蒙版"功能，可以为字幕制作椭圆形遮罩动画效果，如图 8-34 所示。

图 8-34 效果展示

在 Premiere 中，制作椭圆形字幕遮罩的操作方法如下。

▶▶ STEP01 打开一个项目文件，如图 8-35 所示。

▶▶ STEP02 在"节目监视器"面板中可以查看素材画面，如图 8-36 所示。

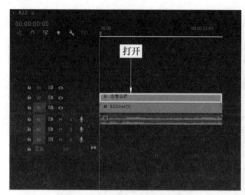 

图 8-35　打开项目文件　　　　图 8-36　查看素材画面

▶▶ STEP03 在"时间轴"面板中选择字幕文件，如图 8-37 所示。

▶▶ STEP04 在"效果控件"面板的"文本"选项区下方单击"创建椭圆形蒙版"按钮◯，如图 8-38 所示。

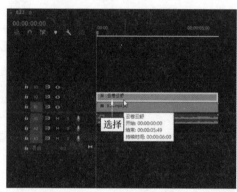 

图 8-37　选择字幕文件　　　　图 8-38　单击"创建椭圆形蒙版"按钮

▶▶ STEP05 执行操作后，在"节目监视器"面板中会显示一个椭圆图形，如图 8-39 所示。

▶▶ STEP06 按住鼠标左键并拖动图形至字幕文件位置，调整图形的大小，如图 8-40 所示。

▶▶ STEP07 在"效果控件"面板的"文本"选项区下方，❶单击"蒙版扩展"选项左侧的"切换动画"按钮◯；❷在视频的开始位置添加第 1 个关键帧，如图 8-41 所示。

▶▶ STEP08 添加完成后，在"蒙版扩展"选项右侧的数值文本框中，设置"蒙版扩展"参数为 –120.0，如图 8-42 所示。

图 8-39　显示一个椭圆图形

图 8-40　调整图形的大小

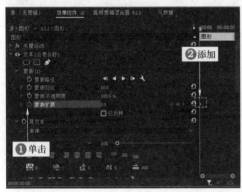

图 8-41　添加第 1 个关键帧

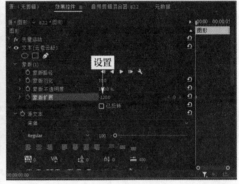

图 8-42　设置"蒙版扩展"参数

▶▶ STEP09 设置完成后，将时间指示器拖动至 4s 的位置，如图 8-43 所示。

▶▶ STEP10 在"蒙版扩展"选项的右侧，❶单击"添加 / 移除关键帧"按钮
◉；❷添加第 2 个关键帧，如图 8-44 所示。

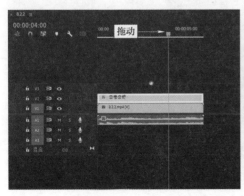

图 8-43　拖动时间指示器至相应位置

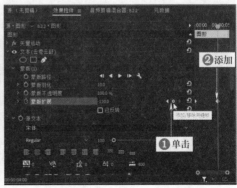

图 8-44　添加第 2 个关键帧

▶▷ STEP11 添加完成后，设置"蒙版扩展"参数为 0.0，如图 8-45 所示。

▶▷ STEP12 执行上述操作后，即可完成椭圆形蒙版动画的设置，效果如图 8-46 所示。

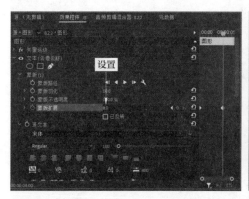

图 8-45　设置相应参数　　　　　图 8-46　完成椭圆形蒙版动画的设置

扫码看效果

扫码看视频

8.2.3　制作运镜效果

【效果说明】在 Premiere 中，通过设置"位置"和"缩放"参数，可以制作出云景效果，让镜头在推拉的过程中还伴随着画面的移动，这个效果不仅操作简单，而且制作出的画面对比较强，表现力丰富，视频效果与 8.1.3 的效果一致。

在 Premiere 中，制作运镜效果的操作方法如下。

▶▷ STEP01 打开一个项目文件，并在"节目监视器"面板中，预览项目效果，如图 8-47 所示。

▶▷ STEP02 选择 V1 轨道上的素材文件，在"效果控件"面板中，❶单击"位置"和"缩放"选项左侧的"切换动画"按钮🕐；❷添加第 1 组关键帧，如图 8-48 所示。

▶▷ STEP03 拖动时间指示器至 3s 的位置，如图 8-49 所示。

▶▷ STEP04 ❶设置"缩放"参数为 120.0、"位置"坐标为（1153.4、649.1）；❷为视频添加第 2 组关键帧，如图 8-50 所示，即可制作推镜头效果。

图 8-47　预览项目效果

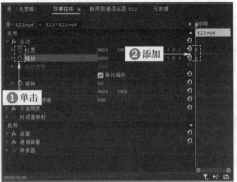

图 8-48　添加第 1 组关键帧

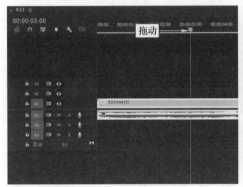

图 8-49　拖动时间指示器（1）

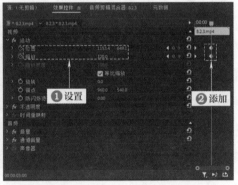

图 8-50　添加第 2 组关键帧

▶▶ STEP05 拖动时间指示器至 00：00：06：16 的位置，如图 8-51 所示。

▶▶ STEP06 ❶设置"位置"坐标为（960.0、540.0）、"缩放"参数为 100.0；
❷为视频添加第 3 组关键帧，如图 8-52 所示，即可制作拉镜头效果。

图 8-51　拖动时间指示器（2）

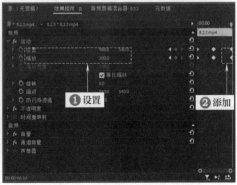

图 8-52　添加第 3 组关键帧

扫码看效果

扫码看视频

8.2.4 制作移动水印

【效果说明】在 Premiere 中，为视频添加水印文字后，还可以通过设置文字"位置"关键帧来制作移动水印效果，如图 8-53 所示。

图 8-53 效果展示

在 Premiere 中，制作移动水印的操作方法如下。

▶▶ STEP01 打开一个项目文件，在"工具箱"面板中选取文字工具 **T**，如图 8-54 所示。

▶▶ STEP02 在画面的合适位置添加文本框，输入水印文字，如图 8-55 所示，调整文字的持续时长，使其与视频的时长保持一致。

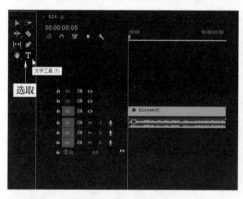

图 8-54 选取文字工具　　　　　图 8-55 输入水印文字

▶▶ STEP03 选择水印文字，在"效果控件"面板的"文本"选项中，❶设置"字体大小"参数为80；❷单击"仿粗体"按钮 **T**，如图 8-56 所示，调整水印文字的样式。

▶▶ STEP04 设置文本的"不透明度"参数为 70.0%，如图 8-57 所示，降低水印文字的显示度，避免水印文字影响画面的美观度。

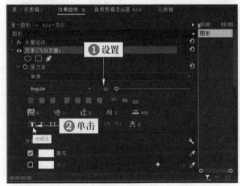
图 8-56　单击"仿粗体"按钮

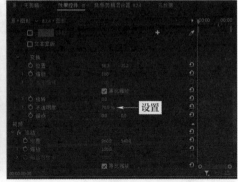
图 8-57　设置"不透明度"参数

▶▷ STEP05 单击"位置"选项左侧的"切换动画"按钮，如图 8-58 所示，为文本添加第 1 个关键帧。

▶▷ STEP06 拖动时间指示器至 00:00:02:20 的位置，❶设置"位置"坐标为（1250.0，280.0）；❷添加第 2 个关键帧，如图 8-59 所示，制作出第 1 个移动效果。

▶▷ STEP07 拖动时间指示器至 00:00:05:43 的位置，❶设置"位置"坐标为（210.0，832.0）；❷添加第 3 个关键帧，如图 8-60 所示，制作出第 2 个移动效果。

▶▷ STEP08 在"节目监视器"面板中可以查看文字的运动轨迹，如图 8-61 所示。

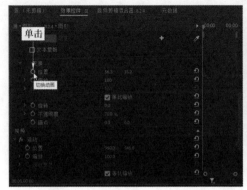
图 8-58　单击"切换动画"按钮

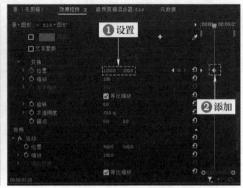
图 8-59　添加关键帧（1）

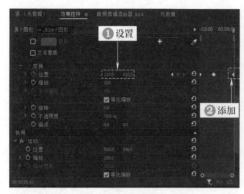

图 8-60　添加关键帧（2）　　　图 8-61　查看文字的运动轨迹

第 . **9** . 章

抠图：多个
素材合成全
新效果

在制作视频的过程中，用户如果想将一个素材中
的某些元素添加到另一个视频中，或者想将两个素材
合成为一个视频，就需要掌握抠图的操作技巧。本章
主要介绍在剪映电脑版和 Premiere 中常用的几种抠
图方法，帮助用户合成不同的素材，制作出精彩的视
频效果。

9.1 剪映中的抠图操作

在剪映中，最常用的抠图方法一共有3种，分别是"混合模式"抠图、"智能抠像"和"色度抠图"。其中，"混合模式"抠图常用来抠取黑色或白色背景视频中的素材；"智能抠像"功能常用于抠取视频或照片中的人像；"色度抠图"功能常用于抠取绿幕素材中的绿色，从而实现绿幕素材的套用。

扫码看效果

9.1.1 运用混合模式功能进行抠图

扫码看视频

【效果展示】在用"混合模式"功能合成画面之前，需要先制作一段黑底白字的文字素材，然后将文字素材用"混合模式"功能合成在视频中，效果展示如图9-1所示。

图9-1　效果展示

在剪映电脑版中，运用"混合模式"功能进行抠图的操作方法如下。

▶▷ STEP01 在剪映中添加一段默认文本，将其时长调整为 10s，如图 9-2
所示。

▶▷ STEP02 在"文本"操作区中，❶输入文字内容；❷设置一个合适的字体；
❸设置"字号"参数为 30，如图 9-3 所示。

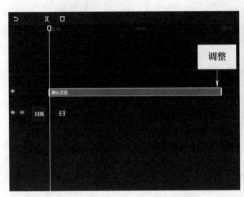

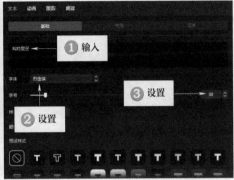

图 9-2　调整文本的时长　　　　　　　　图 9-3　设置"字号"参数

▶▷ STEP03 在文本的起始位置点亮"缩放"和"位置"选项右侧的关键帧按
钮◆，如图 9-4 所示，添加第 1 组关键帧。

▶▷ STEP04 拖动时间指示器至 3s 的位置，❶设置文本的"缩放"参数为
500%，初步放大文字；❷此时"缩放"选项右侧的关键帧按钮◆会自动点亮；
❸点亮"位置"选项右侧的关键帧按钮◆，如图 9-5 所示。

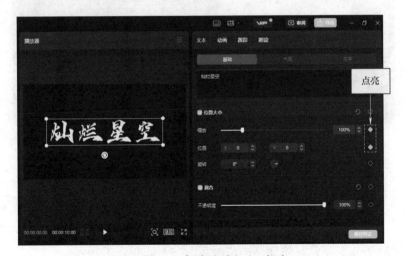

图 9-4　点亮关键帧按钮（1）

图 9-5　点亮关键帧按钮（2）

▶▷ STEP05 拖动时间指示器至 6s 的位置，❶设置"缩放"参数为 3500%；
❷调整文本的位置，如图 9-6 所示，使画面呈白色，方便后续的抠图操作。完
成操作后，将文字素材导出备用。

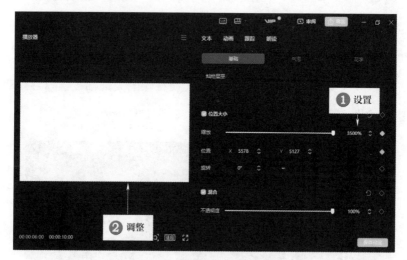

图 9-6　调整文本的位置

▶▷ STEP06 删除添加的文本，在"本地"选项卡中导入上一步导出的文字
素材和背景视频素材，单击背景视频素材右下角的"添加到轨道"按钮，如
图 9-7 所示，把背景视频素材添加到视频轨道中。

▶▷ STEP07 将文字素材添加到画中画轨道中，如图 9-8 所示。

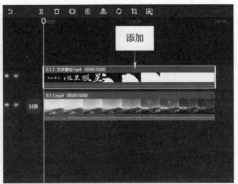

图 9-7　单击"添加到轨道"按钮　　　　　图 9-8　添加文字素材

▶▶ STEP08 在"画面"操作区中设置文字素材的"混合模式"为"正片叠底"模式，如图 9-9 所示，即可抠除文字素材中的白色部分，让背景素材显露出来。

图 9-9　设置"混合模式"为"正片叠底"模式

9.1.2　运用智能抠像功能抠出人像

【效果展示】利用"智能抠像"功能将视频中的人像抠出来，这样可以让人像不被另一段素材遮挡，从而制作出一种投影放映的效果，画面十分唯美，效果如图 9-10 所示。

在剪映电脑版中，运用"智能抠像"功能抠出人像的操作方法如下。

扫码看效果

扫码看视频

图 9-10　效果展示

▶▶ STEP01 在剪映中导入两张照片素材和背景音乐，如图 9-11 所示。

▶▶ STEP02 ❶将第 1 张照片素材添加到视频轨道中；❷拖动时间指示器至 2s 的位置；❸单击"分割"按钮 ，如图 9-12 所示，将素材分割为两段。

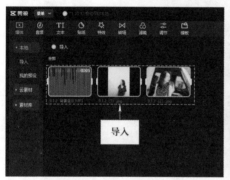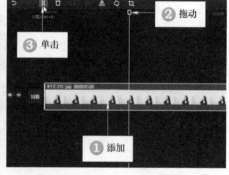

图 9-11　导入相应素材　　　　　图 9-12　单击"分割"按钮

▶▶ STEP03 在 2s 的位置将第 2 张照片素材添加到画中画轨道中，将其时长调整为 3s，如图 9-13 所示。

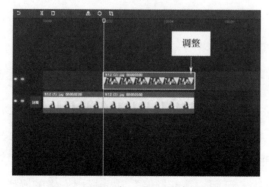

图 9-13　调整第 2 张照片素材的时长

▶▷ STEP04 选择第 2 张照片素材，在"画面"操作区的"基础"选项卡中，
❶设置"不透明度"参数为 80%；❷在预览窗口中调整照片的位置和大小，如
图 9–14 所示。

图 9–14　调整照片的位置和大小

▶▷ STEP05 在"画面"操作区的"蒙版"选项卡中，❶选择"线性"蒙版；
❷调整蒙版的位置和羽化程度，使照片边缘线虚化，如图 9–15 所示。

图 9–15　调整蒙版的位置和羽化程度

▶▷ STEP06 复制视频轨道中的第 2 段视频素材，并将其粘贴在画中画轨道中，

如图 9-16 所示。

▶▷ STEP07 在"画面"操作区的"抠像"选项卡中，选中"智能抠像"复选框，抠出人像，如图 9-17 所示。

▶▷ STEP08 将时间指示器拖动至视频起始位置，在"特效"功能区的"画面特效"|"基础"选项卡中，单击"变清晰"特效右下角的"添加到轨道"按钮➕，如图 9-18 所示。

▶▷ STEP09 执行操作后，即可添加"变清晰"特效，调整特效时长，如图 9-19 所示。

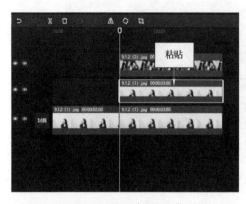

图 9-16　粘贴复制的素材

图 9-17　选中"智能抠像"复选框

图 9-18　单击"添加到轨道"按钮（1）

图 9-19　调整"变清晰"特效的时长

▶▷ STEP10 将时间指示器拖动至"变清晰"特效的后面，在"特效"功能区的"画面特效"|"氛围"选项卡中，单击"梦蝶"特效右下角的"添加到轨道"按钮➕，如图 9-20 所示，添加第 2 个特效，增加投影效果的氛围感。

▶▷ STEP11 在"贴纸"功能区的"线条风"选项卡中，单击所选贴纸右下角的"添加到轨道"按钮➕，如图 9-21 所示。

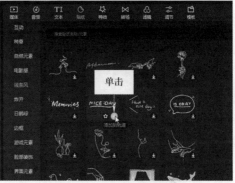

图 9-20　单击"添加到轨道"按钮（2）　图 9-21　单击"添加到轨道"按钮（3）

▶▷ STEP12　执行操作后，即可添加一个文字贴纸，在预览窗口中调整贴纸的位置和大小，如图 9-22 所示。

▶▷ STEP13　为视频添加合适的背景音乐，如图 9-23 所示，即可完成投影视频的制作。

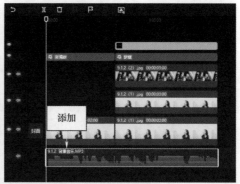

图 9-22　调整贴纸的位置和大小　　　图 9-23　添加背景音乐

扫码看效果

9.1.3　运用色度抠图功能套用绿幕素材

【效果展示】运用"色度抠图"功能可以套用很多素材，比如穿越手机这个素材，可以在镜头慢慢推近手机屏幕后，进入全屏状态穿越至手机中的世界，效果如图 9-24 所示。

扫码看视频

图 9-24　效果展示

在剪映电脑版中，运用"色度抠图"功能套用绿幕素材的操作方法如下。

▶▶ STEP01 在剪映中导入背景视频和绿幕素材，如图 9-25 所示。

▶▶ STEP02 将背景视频素材和绿幕素材分别添加至视频轨道和画中画轨道中，如图 9-26 所示。

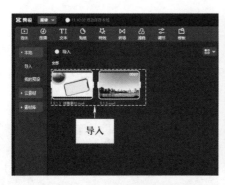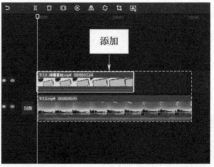

图 9-25　导入视频素材　　　　　图 9-26　添加相应素材

▶▶ STEP03 选择绿幕素材，在"画面"操作区，❶切换至"抠像"选项卡；❷选中"色度抠图"复选框；❸单击"取色器"按钮✎；❹拖动取色器，取样画面中的绿色，如图 9-27 所示。

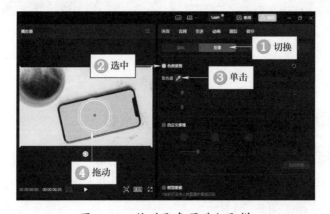

图 9-27　拖动取色器进行取样

▶▶ STEP04 取色完成后，将"强度"和"阴影"的参数都设置为100，如
图 9-28 所示，即可抠除绿幕素材中的绿色，使视频轨道中的素材显示出来，完
成绿幕素材的套用。

图 9-28 设置"强度"和"阴影"参数

9.2 Premiere 中的抠图操作

在 Premiere 中，用户可以通过设置"混合模式"、添加视频效果和绘制
贝塞尔曲线等方法进行抠图。本节主要介绍运用"混合模式"和"超级键"效果
进行抠图的操作方法。

9.2.1 运用混合模式进行抠图

【效果说明】在 Premiere 中，为视频制作运动特效的过程中，用
户可以通过设置"混合模式"将两段视频素材进行合成，然后通过设置
"位置"和"缩放"选项的参数，即可得到一段流星飞过的画面效果，制
作出飞行运动特效，如图 9-29 所示。

扫码看效果

扫码看视频

图 9-29　效果展示

在 Premiere 中，运用"混合模式"进行抠图的操作方法如下。

▶▷ STEP01 打开项目文件，如图 9-30 所示，可以看到"项目"面板中有一个序列和两个视频。

▶▷ STEP02 在"时间轴"面板中，选择 V2 轨道上的流星素材文件，如图 9-31 所示。

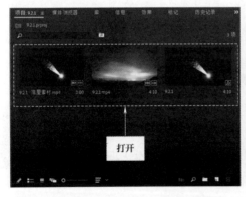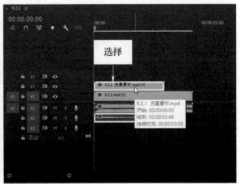

图 9-30　打开一个项目文件　　图 9-31　选择 V2 轨道上的流星素材文件

▶▷ STEP03 在"效果控件"面板中，❶单击"混合模式"右侧的下拉按钮；❷在弹出的列表框中选择"滤色"选项，如图 9-32 所示。

▶▶ STEP04 在"节目监视器"面板中可以查看画面合成效果，如图 9-33 所示。

▶▶ STEP05 在"运动"选项区中，❶单击"位置"和"缩放"选项左侧的"切换动画"按钮 ；❷设置"位置"坐标为（-60.0、-50.0）、"缩放"参数为 25.0；❸添加第 1 组关键帧，如图 9-34 所示。

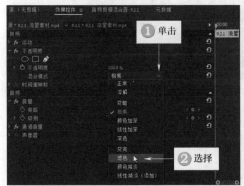

图 9-32　选择"滤色"选项

图 9-33　查看画面合成效果

▶▶ STEP06 拖动时间指示器至 00 : 00 : 02 : 49 的位置，❶在"效果控件"面板中设置"位置"坐标为（1665.0、865.0）、"缩放"参数为 8.0；❷添加第 2 组关键帧，如图 9-35 所示。

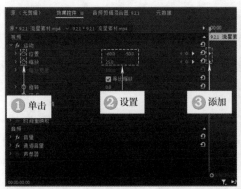
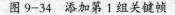

图 9-34　添加第 1 组关键帧

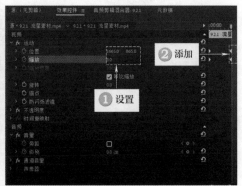

图 9-35　添加第 2 组关键帧

▶▶ STEP07 执行上述操作后，即可在"节目监视器"面板中，查看流星飞行运动轨迹，如图 9-36 所示。

图 9-36　查看流星飞行运动轨迹

扫码看效果

扫码看视频

9.2.2　运用超级键效果套用绿幕素材

【效果展示】在 Premiere 中，使用"超级键"效果，可以对视频中的某种颜色进行色度抠图处理，使抠取的颜色变透明，视频效果与 9.1.1 的效果相同。

在 Premiere 中，运用"超级键"效果套用绿幕素材的操作方法如下。

▶▶ STEP01 打开一个项目文件，将"项目"面板中的 2 个素材分别添加至"时间轴"面板中的 V1 和 V2 轨道中，如图 9-37 所示。

▶▶ STEP02 在"效果"面板中，❶展开"视频效果"|"键控"选项；❷选择"超级键"视频效果，如图 9-38 所示。

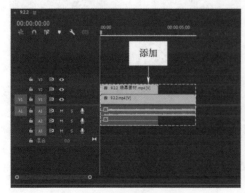

图 9-37　添加 2 个素材

图 9-38　选择"超级键"视频效果

▶▶ STEP03 按住鼠标左键并将"超级键"视频效果拖动至 V2 轨道的绿幕素材上，释放鼠标左键，即可添加相应的视频效果，如图 9-39 所示。

▶▶ STEP04 选择绿幕素材，在"效果控件"面板中，单击"主要颜色"右侧的取色器按钮 ，如图 9-40 所示。

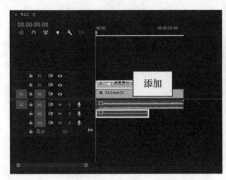

　　　　图 9-39　添加视频效果　　　　　　　图 9-40　单击取色器按钮

>> 专家指点 >>>>>>.. .>>>> .>>>

　　用户也可以单击"主要颜色"右侧的色块，在弹出的"拾色器"面板中通过设置 RGB 参数或选取相应的颜色来完成颜色的抠除。

▶▶ STEP05 拖动取色器至画面中绿幕所在的位置，单击，如图 9-41 所示，吸取素材中的绿色。

▶▶ STEP06 执行操作后，画面中的绿色被抠除，V1 轨道中的素材显示出来，如图 9-42 所示，即可完成绿幕素材的套用。

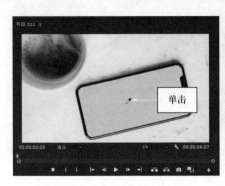

　　　　图 9-41　单击　　　　　　　　　图 9-42　显示 V1 轨道中的素材

>> 专家指点 >>>>>>.. .>>>> .>>>

　　用同样的操作用户也可以对背景为纯色背景的人像视频进行抠像处理，图像照片也一样可以用此法进行颜色抠图。

第.**10**.章

制作延时摄影
视频

喜欢摄影的人基本上都知道延时视频，这种视频
拍摄起来需要花费很多时间，但是它展示出来的效果
可以说是极其震撼的，在观看过程中也节约了观看者
的时间。本章主要介绍用剪映电脑版制作黄昏延时视
频和用 Premiere 制作夜景延时视频的操作方法。

10.1　在剪映中制作黄昏延时视频

在制作延时视频之前需要拍摄延时照片，延时照片一般都是几百张，因此，拍摄用时也需要几个小时。完成拍摄后，运用剪映电脑版就能将几百张照片制作成延时视频。本节先带大家欣赏黄昏延时视频的效果，再介绍具体的制作流程。

扫码看效果

10.1.1　视频效果欣赏

【效果展示】本案例的黄昏延时视频展示了黄昏时分云彩和光线的变化，显得非常大气和震撼人心，效果如图 10-1 所示。

图 10-1　效果展示

10.1.2　导入照片素材

扫码看视频

延时视频一般都是由几百张照片制作而成的，想要呈现好的延时效果，就不能随意破坏照片的顺序，并在制作视频时按照顺序导入这些照片素材。

在剪映电脑版中，导入照片素材的操作方法如下。

▶▶ STEP01　新建一个草稿文件，在"媒体"功能区的"本地"选项卡中单击"导入"按钮，如图 10-2 所示。

▶▶ STEP02　弹出"请选择媒体资源"对话框，❶全选相应文件夹中的所有照片素材；❷单击"打开"按钮，如图 10-3 所示。

图 10-2　单击"导入"按钮

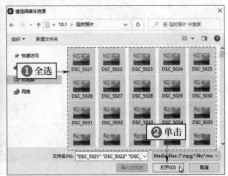

图 10-3　单击"打开"按钮

▶▶ STEP03　执行操作后，即可将所有照片素材按顺序导入"本地"选项卡，并默认为选中状态，单击第 1 张照片素材右下角的"添加到轨道"按钮⊕，如图 10-4 所示。

▶▶ STEP04　执行操作后，即可将所有照片素材按顺序导入视频轨道，如图 10-5 所示，系统默认每张照片素材的时长为 5s。

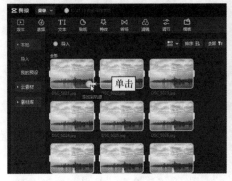

图 10-4　单击"添加到轨道"按钮

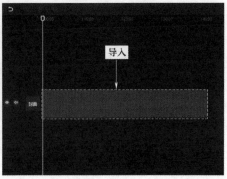

图 10-5　将照片素材导入视频轨道

扫码看视频

10.1.3 初步导出视频

将所有的照片素材添加到视频轨道后，需要导出这些素材，把照片变成视频。

在剪映电脑版中，导入照片素材的操作方法如下。

▶▷ STEP01 在编辑界面的右上角单击"导出"按钮，如图 10-6 所示。

▶▷ STEP02 弹出"导出"对话框，❶更改视频的名称；❷单击"导出至"右侧的■按钮，如图 10-7 所示。

图 10-6　单击"导出"按钮（1）　　　图 10-7　单击相应按钮

▶▷ STEP03 弹出"请选择导出路径"对话框，❶设置相应的保存路径；❷单击"选择文件夹"按钮，如图 10-8 所示。

▶▷ STEP04 执行操作后，返回"导出"对话框，单击"导出"按钮，如图 10-9 所示，即可开始导出视频。

图 10-8　单击"选择文件夹"按钮　　　图 10-9　单击"导出"按钮（2）

▶▶ STEP05 "导出"面板中会显示导出进度条，如图 10-10 所示。由于视频有 40 多分钟，所以导出用时比较长，导出完成后，单击"关闭"按钮，即可完成延时视频的初步导出。

图 10-10　显示进度条

10.1.4　设置视频的时长

扫码看视频

上一步导出的视频有 40 多分钟的时长，不符合延时视频的时长标准，因此，需要重新设置视频的时长。

在剪映电脑版中，设置视频时长的操作方法如下。

▶▶ STEP01 新建一个草稿文件，导入之前导出的视频，单击视频右下角的"添加到轨道"按钮➕，如图 10-11 所示，将其导入视频轨道。

▶▶ STEP02 ❶切换至"变速"操作区；❷在"常规变速"选项卡中设置"倍数"参数为 100.0x，如图 10-12 所示。

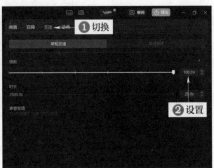

图 10-11　单击"添加到轨道"按钮　　图 10-12　设置"倍数"参数

▶▶ STEP03 可以看到，此时"倍数"参数已经是最大了，但是视频的时长依然有25.0s，为了进一步缩短视频的时长，单击"导出"按钮，如图10-13所示，将25s的视频导出。

▶▶ STEP04 清空视频轨道，将上一步导出的视频导入视频轨道中，在"变速"操作区的"常规变速"选项卡中设置"时长"参数为15.0s，如图10-14所示，即可缩短视频的时长。

图 10-13 单击"导出"按钮   图 10-14 设置"时长"参数

10.1.5 添加调节效果

扫码看视频

调整好视频的时长后，用户就可以对视频效果进行优化，例如，为视频添加调节效果进行调色。

在剪映电脑版中，添加调节效果的操作方法如下。

▶▶ STEP01 ❶切换至"调节"功能区；❷在"调节"选项卡中单击"自定义调节"选项右下角的"添加到轨道"按钮➕，如图10-15所示，即可为视频添加一段调节效果。

▶▶ STEP02 调整调节效果的时长，使其与视频的时长保持一致，如图10-16所示。

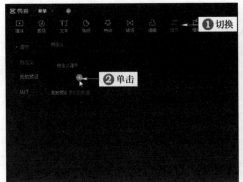
图 10-15　单击"添加到轨道"按钮

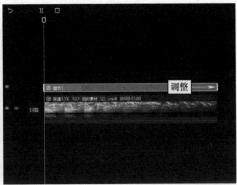
图 10-16　调整调节效果的时长

▶▶ STEP03 在"调节"操作区中，设置"色温"参数为 9、"饱和度"参数为 8、"亮度"参数为 3、"对比度"参数为 5、"阴影"参数为 5、"光感"参数为 -22，如图 10-17 所示，提高画面的色彩浓度和整体亮度，加强画面中的明暗对比，让天空中的彩霞颜色更明显，即可完成视频的调色处理。

图 10-17　设置相应参数

10.1.6　添加背景音乐

在剪映中，用户可以运用"音频提取"功能提取其他视频中的音频，

扫码看视频

并添加到音频轨道中作为背景音乐。

在剪映电脑版中，添加背景音乐的操作方法如下。

▶▶ STEP01 ❶切换至"音频"功能区；❷在"音频提取"选项卡中单击"导入"按钮，如图 10-18 所示。

▶▶ STEP02 弹出"请选择媒体资源"对话框，❶选择要提取音乐的视频；❷单击"打开"按钮，如图 10-19 所示。

图 10-18　单击"导入"按钮　　　　图 10-19　单击"打开"按钮

▶▶ STEP03 执行操作后，即可将该视频的音频提取到"音频提取"选项卡中，单击音频右下角的"添加到轨道"按钮➕，如图 10-20 所示。

▶▶ STEP04 执行操作后，即可将音频添加到音频轨道中，如图 10-21 所示。

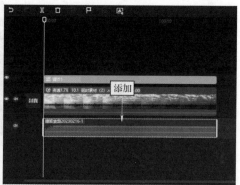

图 10-20　单击"添加到轨道"按钮　　　图 10-21　将音频添加到音频轨道

10.1.7　导出视频成品

完成所有操作后，用户就可以将制作好的延时视频进行导出，以便分享给朋友或者发布在平台上。

在剪映电脑版中，导出视频成品的操作方法如下。

▶▶ STEP01 在编辑界面的右上角单击"导出"按钮，如图 10-22 所示。

▶▶ STEP02 弹出"导出"对话框，❶更改视频名称；❷设置保存位置；❸单击"导出"按钮，如图 10-23 所示，即可进行导出。

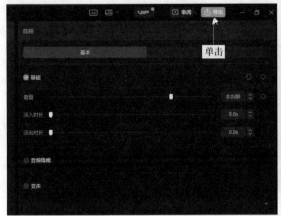

图 10-22　单击"导出"按钮（1）

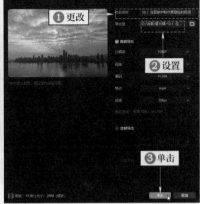

图 10-23　单击"导出"按钮（2）

>> 专家指点 >>>>>>.. .>>>> .>>>

在导出时，用户可以对导出视频的分辨率、码率、编码、格式和帧率等参数进行设置，让视频更高清，但是这些参数也会影响视频占用内存的大小，因此，用户要谨慎设置。

10.2　在 Premiere 中制作夜景延时视频

在前期拍摄素材时，用户就要选择好拍摄地点和对象，最好选择有明显变化或运动的对象进行拍摄，这样才能制作出足够好看的延时视频。本节先带大家欣赏夜景延时视频的效果，再介绍具体的制作流程，包括导入延时照片、调整视频时长、制作推镜头效果、添加背景音乐及导出视频文件等内容。

扫码看效果

10.2.1　视频效果欣赏

【效果展示】本案例除了将照片素材制作成延时视频之外，还通过为"缩放"参数添加关键帧制作出了推镜头效果，让观众在欣赏五彩缤纷的灯光夜景的同时，还能感受推镜头带来的动感体验，效果如图 10-24 所示。

图 10-24　效果展示

10.2.2　导入延时照片

在制作夜景延时视频之前，首先需要导入拍好的延时照片。在 Premiere 中，用户需要先创建一个项目文件，再导入所有照片。

在 Premiere 中，导入延时照片的操作方法如下。

▶▶ STEP01 打开 Premiere，在菜单栏中单击"文件"|"新建"|"项目"命令，如图 10-25 所示，弹出"新建项目"对话框。

▶▶ STEP02 ❶修改项目名称；❷单击"位置"右侧的"浏览"按钮，如图 10-26 所示。

图 10-25　单击"项目"命令　　　图 10-26　单击"浏览"按钮

▶▶ STEP03 弹出"请选择新项目的目标路径。"对话框，❶选择合适的文件夹；❷单击"选择文件夹"按钮，如图 10-27 所示，即可设置项目的保存位置。

▶▶ STEP04 返回"新建项目"对话框，单击"确定"按钮，如图 10-28 所示，完成项目的创建。

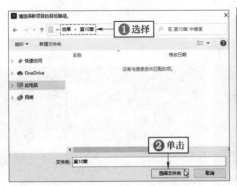

图 10-27　单击"选择文件夹"按钮　图 10-28　单击"确定"按钮

▶▶ STEP05 ❶在"项目"面板中右击；❷在弹出的快捷菜单中选择"导入"

选项，如图 10-29 所示。

▶▶ STEP06 弹出"导入"对话框，❶在相应的文件夹中选择第 1 张图片；❷选中"图像序列"复选框；❸单击"打开"按钮，如图 10-30 所示。

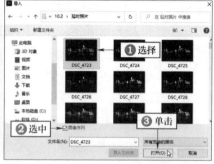

图 10-29 选择"导入"选项　　　图 10-30 单击"打开"按钮

>> 专家指点 >>>>>>.. .>>>> .>>>

　　运用"图像序列"功能导入延时照片非常迅速，而且还可以自动生成视频，十分方便。但是这样做有一个前提，那就是延时照片的文件名序号一定要是连续的，否则就会出现只导入了部分照片的情况。

▶▶ STEP07 执行操作后，即可将所有照片以序列的方式导入"项目"面板，如图 10-31 所示，此时的照片序列已经是一个视频了。

▶▶ STEP08 将照片序列拖动到"时间轴"面板的 V1 轨道中，如图 10-32 所示，即可完成延时照片的导入。

图 10-31 导入所有照片　　　图 10-32 将照片序列拖动至 V1 轨道

10.2.3　调整视频时长

延时视频的时长不能太长，否则会减弱延时摄影给人带来的震撼感，但是时长太短也会影响观众的观看体验，因此，用户要尽可能地将视频时长控制在 10 ~ 15s。

扫码看视频

在 Premiere 中，调整视频时长的操作方法如下。

▶▶ STEP01 ❶在 V1 轨道的照片序列上右击；❷在弹出的快捷菜单中选择"速度 / 持续时间"选项，如图 10-33 所示。

▶▶ STEP02 弹出"剪辑速度 / 持续时间"对话框，设置视频的"持续时间"参数为 00:00:10:00，如图 10-34 所示，单击"确定"按钮，即可增加视频的时长。

图 10-33　选择"速度 / 持续时间"选项　图 10-34　设置"持续时间"参数

10.2.4　制作推镜头效果

推镜头指的是镜头慢慢向拍摄对象靠近，画面中的景物逐渐变大，而画面的取景范围逐渐变少的运镜效果。要制作简单的推镜头效果，只需要改变"缩放"参数并添加相应的关键帧即可。

扫码看视频

在 Premiere 中，制作推镜头效果的操作方法如下。

▶▶ STEP01 在视频起始位置保持"缩放"参数为 100.0 不变，在"效果控件"面板中，❶单击"缩放"选项左侧的"切换动画"按钮🔘；❷添加第 1 个关键帧，如图 10-35 所示。

▶▷ STEP02 拖动时间指示器至 00:00:10:00 的位置，❶设置"缩放"参数为 110.0；❷生成第 2 个关键帧，如图 10-36 所示，即可制作出景物慢慢变大的推镜头效果。

图 10-35　添加关键帧　　　　　　　图 10-36　生成关键帧

10.2.5　添加背景音乐

扫码看视频

如果视频只有画面，就会有些枯燥，因此，用户还需要为视频添加合适的背景音乐，优化视频的整体效果。

在 Premiere 中，添加背景音乐的操作方法如下。

▶▷ STEP01 在菜单栏中单击"文件" | "导入"命令，如图 10-37 所示。

▶▷ STEP02 弹出"导入"对话框，❶选择背景音乐；❷单击"打开"按钮，如图 10-38 所示。

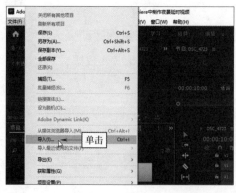
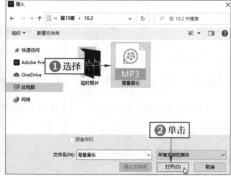

图 10-37　单击"导入"命令　　　　　图 10-38　单击"打开"按钮

▶▷ STEP03 执行操作后，即可将背景音乐导入"项目"面板中，如图 10-39 所示。

▶▷ STEP04 将背景音乐拖动至"时间轴"面板的 A1 轨道中，即可完成背景音乐的添加，如图 10-40 所示。

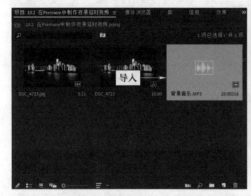

图 10-39　将背景音乐导入"项目"面板

图 10-40　添加背景音乐

10.2.6　导出视频文件

扫码看视频

创建并保存视频文件后，用户即可对其进行渲染导出，渲染完成后可以将视频分享至各新媒体平台，视频的渲染时间根据项目的长短及计算机配置的高低而略有不同。

在 Premiere 中，导出视频文件的操作方法如下。

▶▷ STEP01 在菜单栏中单击"文件"|"导出"|"媒体"命令，如图 10-41 所示。

▶▷ STEP02 弹出"导出设置"对话框，单击"输出名称"右侧的蓝色超链接，如图 10-42 所示。

▶▷ STEP03 弹出"另存为"对话框，❶设置视频的保存位置；❷设置视频的名称，如图 10-43 所示。

▶▷ STEP04 单击"保存"按钮，即可更改视频的保存位置和名称，单击"导出"按钮，如图 10-44 所示，即可导出视频。

图 10-41　单击"媒体"命令

图 10-42　单击蓝色超链接

图 10-43　设置视频名称

图 10-44　单击"导出"按钮

第.11.章
制作店铺宣传视频

现如今，越来越多的店铺开始用视频来进行宣传和营销，通过这些宣传视频可以向消费者介绍店铺的主要业务，吸引消费者的注意力，促使消费者购买视频中的产品或服务，提高销量，打响店铺的知名度。本章主要介绍在剪映电脑版中制作旅行社宣传视频和在 Premiere 中制作摄影馆宣传视频的操作方法。

11.1 在剪映中制作宣传视频：《飞秀旅行社》

在制作旅行社的宣传视频时，用户可以选用一些美丽的风景视频来引起消费者的兴趣，从而让他们产生出门旅行的想法。本节将先带大家欣赏宣传视频的效果，再介绍具体的操作流程。

扫码看效果

11.1.1 视频效果欣赏

【效果展示】旅游广告主要展现的是旅游景点的风景，向消费者宣传旅行社与当地的优点和特点，加深消费者对旅游地点和旅行社的了解，增加旅行社产品的销量，效果如图 11-1 所示。

图 11-1　效果展示

11.1.2　导入视频素材

扫码看视频

在剪映中，用户可以通过快捷键来完成素材的导入。

在剪映电脑版中，导入视频素材的操作方法如下。

▶▶ STEP01 进入剪映电脑版的视频编辑界面，按【Ctrl+I】组合键，调出"请选择媒体资源"对话框，全选所有素材，并单击"打开"按钮，即可将素材导入"本地"选项卡中，如图 11-2 所示。

▶▶ STEP02 单击第 1 段视频素材右下角的"添加到轨道"按钮➕，将 7 段素材按顺序添加至视频轨道中，如图 11-3 所示。

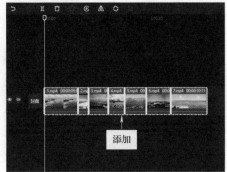

图 11-2　将素材导入"本地"选项卡　　　图 11-3　将素材添加到视频轨道中

11.1.3　添加转场效果

扫码看视频

合适的转场效果可以为素材之间的切换添加美感，也能丰富视频的内容。

在剪映电脑版中，添加转场效果的操作方法如下。

▶▶ STEP01 拖动时间指示器至第 1 个和第 2 个视频之间，在"转场"功能区的"叠化"选项卡中，单击"云朵"转场右下角的"添加到轨道"按钮➕，如图 11-4 所示。

▶▶ STEP02 执行操作后，即可在第 1 个和第 2 个视频之间添加"云朵"转场，如图 11-5 所示，转场的持续时长默认为 0.5s。

▶▶ STEP03 在"转场"操作区中，单击"应用全部"按钮，如图 11-6 所示，即可在剩下的素材之间添加"云朵"转场。

▶▶ STEP04 拖动时间指示器至第 2 个"云朵"转场的起始位置，在"叠化"选项卡中单击"叠化"转场右下角的"添加到轨道"按钮➕，如图 11-7 所示，即可将"云朵"转场替换为"叠化"转场。

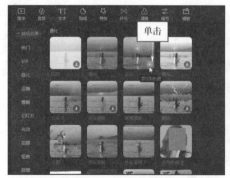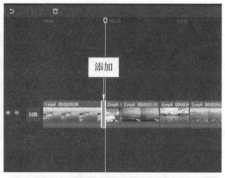

图 11-4　单击"添加到轨道"按钮（1）　　图 11-5　添加"云朵"转场

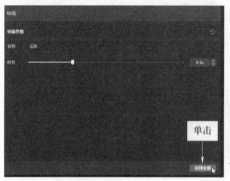

图 11-6　单击"应用全部"按钮　　图 11-7　单击"添加到轨道"按钮（2）

▶▶ STEP05 用与上相同的方法，将第 4 个和第 6 个"云朵"转场替换为"叠化"转场，如图 11-8 所示。

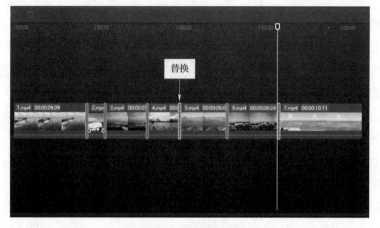

图 11-8　替换转场效果

11.1.4　制作卡点效果

扫码看视频

为视频添加合适的卡点音乐，再运用"自动踩点"功能标出节拍点，根据节拍点的位置调整素材的时长，即可制作出卡点效果。

在剪映电脑版中，制作卡点效果的操作方法如下。

▶▷ STEP01 拖动时间指示器至视频起始位置，在"音频"功能区中，❶搜索相应音乐；❷在搜索结果中找到合适的一首音乐并单击"添加到轨道"按钮➕，如图 11-9 所示。

▶▷ STEP02 执行操作后，即可为视频添加背景音乐，❶拖动时间指示器至00:00:04:26 的位置；❷单击"分割"按钮 ❚❚，如图 11-10 所示，对音频进行分割。

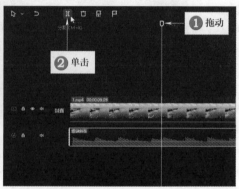

图 11-9　单击"添加到轨道"按钮　　　　图 11-10　单击"分割"按钮

▶▷ STEP03 ❶选择分割的前半段音乐；❷单击"删除"按钮 ▢，如图 11-11所示，将不需要的片段进行删除。

▶▷ STEP04 将音乐向前拖动至开始位置，❶单击"自动踩点"按钮；❷在弹出的列表框中选择"踩节拍 I"选项，如图 11-12 所示。

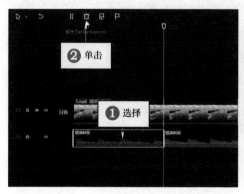

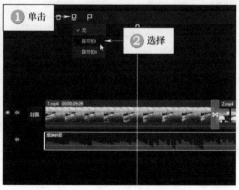

图 11-11　单击"删除"按钮　　　　　图 11-12　选择"踩节拍 I"选项

199

▶▶ STEP05 执行操作后，即可在音频上标记出节拍点，根据节拍点的位置调整素材的时长，使第 1 个转场的结束位置对准第 3 个节拍点，第 2 个至第 6 个转场的结束位置分别对准第 4 个至第 8 个节拍点，第 7 段素材的结束位置对准第 9 个节拍点，如图 11-13 所示。最后在第 10 个节拍点的位置对音频进行分割，并删除分割出的后半段音频。

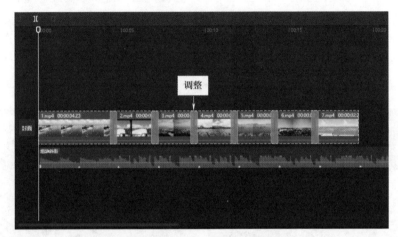

图 11-13　调整素材的时长

11.1.5　添加文字模板

好看的文字模板可以增加视频的美观度，也可以减少用户添加字幕的工作量。

在剪映电脑版中，添加文字模板的操作方法如下。

扫码看视频

▶▶ STEP01 拖动时间指示器至 00:00:00:20 的位置，在"文本"功能区的"文字模板"|"片头标题"选项卡中，单击相应文字模板右下角的"添加到轨道"按钮➕，如图 11-14 所示，将其添加到字幕轨道中。

▶▶ STEP02 调整模板的时长，使其结束位置与第 1 个转场的开始位置对齐，如图 11-15 所示。

▶▶ STEP03 在"文本"操作区中，修改两段文本的内容，如图 11-16 所示。

▶▶ STEP04 拖动时间指示器至第 3 个节拍点的位置，❶切换至"旅行"选项区；❷单击相应文字模板右下角的"添加到轨道"按钮➕，如图 11-17 所示，为视频添加第 2 种文字模板。

图 11-14　单击"添加到轨道"按钮（1）

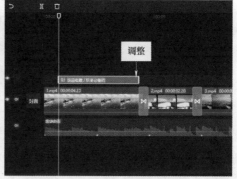

图 11-15　调整文字模板的时长（1）

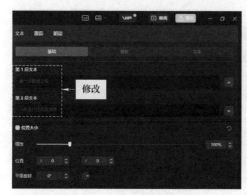

图 11-16　修改文本内容（1）

图 11-17　单击"添加到轨道"按钮（2）

▶▶ STEP05 ❶修改文字模板的内容；❷设置一个合适的预设样式；❸调整文字模板的位置和大小，如图 11-18 所示。

图 11-18　调整文字模板的位置和大小（1）

>> 专家指点 >>>>>>.. .>>>> .>>>

在"文本"操作区中，单击文本右侧的"展开"按钮，即可展开文字编辑界面，对文字的样式进行设置。

▶▶ STEP06 调整第 2 个文字模板的持续时长，使其结束位置对准第 3 个转场的起始位置，如图 11-19 所示。

▶▶ STEP07 在"任务清单"选项区中单击相应文字模板右下角的"添加到轨道"按钮，如图 11-20 所示，在第 3 个节拍点的位置为视频添加第 3 种文字模板。

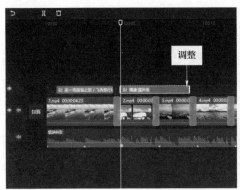
图 11-19　调整文字模板的时长（2）

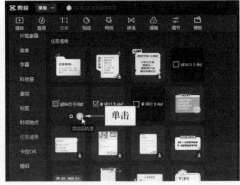
图 11-20　单击"添加到轨道"按钮（3）

▶▶ STEP08 ❶修改文字模板的内容；❷设置一个合适的字体；❸调整文字模板的位置和大小，如图 11-21 所示，并调整文字模板的持续时长。

图 11-21　调整文字模板的位置和大小（2）

▶▶ STEP09 用复制粘贴的方法，为剩下的素材添加文字模板，修改相应内容，并调整文本的持续时长，如图 11-22 所示。

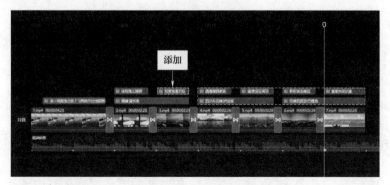

图 11-22　添加文字模板

▶▷ STEP10 拖动时间指示器至第 7 段素材的结束位置，在"简约"选项区中单击相应文字模板右下角的"添加到轨道"按钮➕，如图 11-23 所示，为视频添加第 4 种文字模板，并调整文字模板的持续时长。

▶▷ STEP11 在"文本"操作区中修改两段文本的内容，如图 11-24 所示，即可完成旅行社宣传视频的制作。

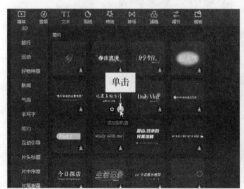

图 11-23　单击"添加到轨道"按钮（4）

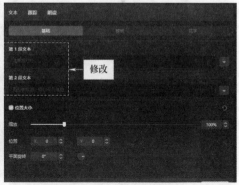

图 11-24　修改文本内容（2）

11.2　在 Premiere 中制作宣传视频：《黎米摄影馆》

在制作摄影馆宣传视频时，用户可以展示一些拍摄效果，让消费者可以直观地看到摄影馆的水平和风格，从而吸引喜欢的消费者来购买服务。本节将先带大家欣赏宣传视频的效果，再介绍具体的操作流程，包括剪辑素材时长、添加过渡效果、添加视频字幕、制作片头、片尾和合成视频效果。

11.2.1 视频效果欣赏

扫码看效果

【效果展示】摄影馆的宣传视频要突出店铺的优质服务和高超技术，并且要尽量挑选好看的素材，提高视频成品的美观度，给消费者带来好的视觉体验的同时，也能让他们产生拍同款的想法，效果如图 11-25 所示。

图 11-25　效果展示

11.2.2　剪辑素材时长

在 Premiere 中，用户可以直接拖动素材左右两侧来调整素材的时长，也可以通过设置视频的播放速度来缩短或增加视频的时长。

扫码看视频

在 Premiere 中，剪辑素材时长的操作方法如下。

▶ ▷ STEP01 新建一个项目文件，将所有素材导入"项目"面板中，如图 11-26 所示。

▶ ▷ STEP02 将片头和第 1 段素材按顺序导入"时间轴"面板的 V1 轨道中，如图 11-27 所示。

▶ ▷ STEP03 按住第 1 段素材的右侧并向左拖动，将第 1 段素材的时长调整为 00∶00∶02∶03，如图 11-28 所示。

▶ ▷ STEP04 将第 2 段素材添加到 V1 轨道的第 1 段素材后，用与上相同的方法，将第 2 段素材的时长调整为 00∶00∶02∶23，如图 11-29 所示。

▶ ▷ STEP05 将第 3 段素材添加到 V1 轨道中，在第 3 段素材上右击，在弹出的快捷菜单中选择"速度 / 持续时间"选项，在弹出的"剪辑速度 / 持续时间"对话框中设置素材的时长为 00∶00∶03∶12，如图 11-30 所示，单击"确定"按钮，即可调整第 3 段素材的时长。

图 11-26　将所有素材导入"项目"面板　　　图 11-27　将两段素材导入 V1 轨道

▶ ▷ STEP06 将第 4 段、第 5 段素材和片尾分别添加到 V1 轨道中，并将第 4 段和第 5 段素材的时长都调整为 00∶00∶03∶08，如图 11-31 所示。

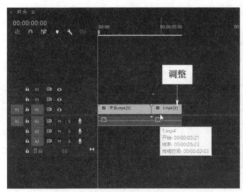

图 11-28　调整素材的时长（1）　　　图 11-29　调整素材的时长（2）

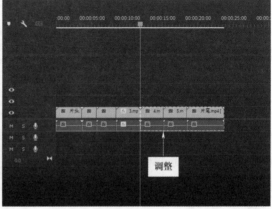

图 11-30　设置"持续时间"参数　　　图 11-31　调整素材的时长（3）

11.2.3　添加过渡效果

添加视频过渡效果是让不同素材之间流畅切换的好方法，也是增加视频趣味性的好帮手。

在 Premiere 中，添加过渡效果的操作方法如下。

▶▶ STEP01　在"效果"面板中，❶展开"视频过渡"选项；❷在 Dissolve（溶解）选项中选择 Additive Dissolve（叠加溶解）过渡效果，如图 11-32 所示。

扫码看视频　▶▶ STEP02　按住鼠标左键将 Additive Dissolve（叠加溶解）过渡效

果拖动至片头和第 1 段素材之间，释放鼠标左键，即可添加一个视频过渡效果，如图 11-33 所示。

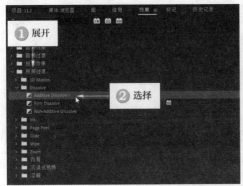
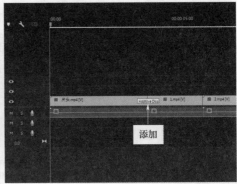

图 11-32　选择 Additive Dissolve 过渡效果　　　图 11-33　添加 Additive Dissolve

过渡效果

▶▶ STEP03 用与上相同的方法，在剩下的素材之间添加 Additive Dissolve（叠加溶解）过渡效果，如图 11-34 所示。

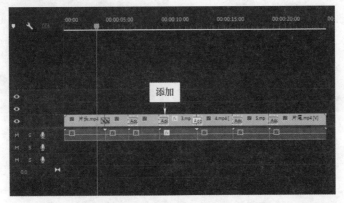

图 11-34　在剩下的素材之间添加 Additive Dissolve 过渡效果

>> 专家指点 >>>>>>.. .>>>> .>>>

在 Premiere 中，为不同素材之间添加视频过渡效果时，即便是添加同一个效果，软件也会根据素材的情况自动对过渡效果的"对齐"方式进行调整，所以会出现细微差别。

11.2.4　添加视频字幕

如果用户想增加宣传视频的说服力，可以在视频中添加适当的字幕，让消费者能够更直接地了解视频的主旨。

扫码看视频

在 Premiere 中，添加视频字幕的操作方法如下。

▶▶ STEP01 拖动时间指示器至第 1 个过渡效果的结束位置，选取文字工具 T，在画面的合适位置创建一个文本框，输入相应内容，如图 11-35 所示。

▶▶ STEP02 全选文本内容，在 V2 轨道上双击文本图形，弹出"基本图形"面板，❶设置合适的字体；❷设置"字体大小"参数为 120；❸单击"居中对齐文本"按钮 ，让文字在文本框内居中对齐；❹单击"仿粗体"按钮 T，如图 11-36 所示。

图 11-35　输入相应内容

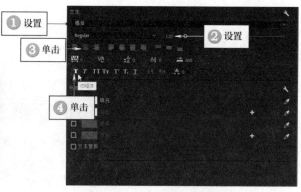

图 11-36　单击"仿粗体"按钮

▶▶ STEP03 在"外观"选项区中选中"描边"复选框，单击色块，在弹出的"拾色器"对话框中设置 RGB 参数为 155、64、198，如图 11-37 所示，单击"确定"按钮，即可为文字添加描边效果。

▶▶ STEP04 设置"描边宽度"参数为 10.0，如图 11-38 所示，让描边效果更明显。

▶▶ STEP05 调整文本的时长，使其结束位置对准第 1 段素材的结束位置，如图 11-39 所示。

▶▶ STEP06 ❶单击 V1 轨道起始位置的"切换锁定轨道"按钮 ，将该轨道锁定；❷拖动时间指示器至第 2 个过渡效果的结束位置；❸选择文本，如图 11-40 所示。

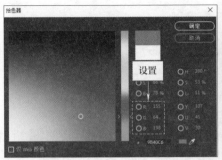

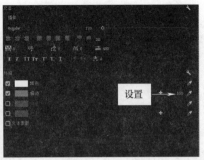

图 11-37　设置 RGB 参数　　图 11-38　设置"描边宽度"参数

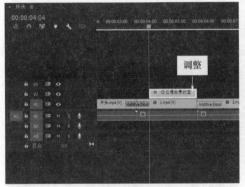

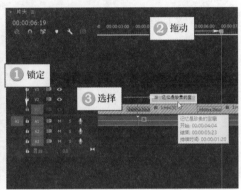

图 11-39　调整文本的时长　　　　图 11-40　选择文本

▶▶ STEP07 按【Ctrl+C】组合键对文本进行复制，按【Ctrl+V】组合键将复制的文本粘贴至时间指示器的右侧，修改复制的文本内容，如图 11-41 所示，并调整文本的时长。

▶▶ STEP08 用与上相同的方法，在合适位置粘贴文本，修改文本内容并调整其时长，如图 11-42 所示，即可完成视频字幕的添加。

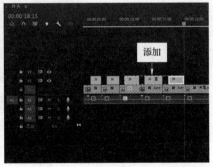

图 11-41　修改文本内容　　　　图 11-42　添加剩下的文本

11.2.5 制作片头片尾

在 Premiere 中，通过添加字幕和设置关键帧动画，就可以制作出简单的片头片尾效果。

扫码看视频

在 Premiere 中，制作片头片尾的操作方法如下。

▶▶ STEP01 拖动时间指示器至视频起始位置，用文字工具 🅣 在画面的合适位置创建一个文本框，输入相应内容，如图 11-43 所示。

▶▶ STEP02 调整文本的时长，使其结束位置与第 1 个过渡效果的起始位置对齐，如图 11-44 所示。

图 11-43 输入相应内容

图 11-44 调整文本的时长

>> 专家指点 >>>>>>.. .>>>> .>>>

在 Premiere 中使用文字工具 🅣 创建新的文本时，新文本会继承上一个文本的样式，如果之前没有添加文本，新文本就会是初始格式。

▶▶ STEP03 全选文本内容，在 V2 轨道上双击文本图形，弹出"基本图形"面板，❶设置"字体大小"参数为 200；❷设置"字距调整" 🆅🅰 参数为 5；❸单击"填充"选项左侧的色块，如图 11-45 所示。

▶▶ STEP04 弹出"拾色器"对话框，❶设置 RGB 参数为 201、46、46；❷单击"确定"按钮，如图 11-46 所示，修改文字的填充效果。

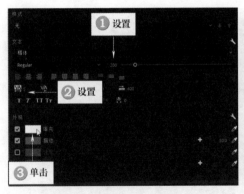

图 11-45　单击色块

图 11-46　单击"确定"按钮

▶▶ STEP05 用与上相同的方法，设置"描边"选项的 RGB 参数为 255、255、255，如图 11-47 所示，单击"确定"按钮，修改文字描边的颜色。

▶▶ STEP06 选取选择工具▶，调整片头文字的位置，在"效果控件"面板的"文本"选项中，单击"创建 4 点多边形蒙版"按钮▣，如图 11-48 所示，为文本添加一个蒙版。

图 11-47　设置 RGB 参数

图 11-48　单击"创建 4 点多边形蒙版"按钮

▶▶ STEP07 ❶调整蒙版的位置和大小，让文字无法显示出来；❷在"蒙版"选项区中单击"蒙版路径"选项左侧的"切换动画"按钮◉，如图 11-49 所示，在文本的起始位置添加第 1 个关键帧。

▶▶ STEP08 拖动时间指示器至 00:00:00:15 的位置，❶调整蒙版的大小，让第 1 个文字显示出来；❷自动添加第 2 个关键帧，如图 11-50 所示。

图 11-49　单击"切换动画"按钮

图 11-50　自动添加第 2 个关键帧

▶▶ STEP09 用与上相同的方法，分别在 00:00:00:28、00:00:01:15
和 00:00:01:28 的位置调整蒙版的大小，如图 11-51 所示，让剩下的 3 个文字
依次显示出来，制作出片头文本逐字显示效果。

▶▶ STEP10 拖动时间指示器至第 6 个过渡效果的结束位置，将第 6 段文本复
制并粘贴一份，调整文本的持续时长，修改文字内容，如图 11-52 所示。

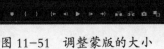

图 11-51　调整蒙版的大小　　　　图 11-52　修改文字内容

▶▶ STEP11 单击 V2 轨道起始位置的"切换轨道锁定"按钮，将其锁定，在第 6 个过渡效果的结束位置添加一段文本，输入文字内容，并调整文本的持续时长，全选文本内容，调出"基本图形"面板，❶设置"字体大小"参数为 200；❷单击"居中对齐文本"按钮，让文字在文本框内居中对齐；❸设置"字距调整" 参数为 100，如图 11-53 所示。

▶▶ STEP12 调整文字的位置，如图 11-54 所示。最后用制作片头文字的方法，为片尾文字添加逐字显示效果，让文字随着人物的前进依次显示出来。

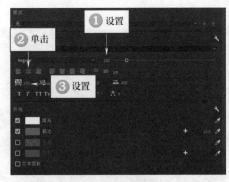

图 11-53　设置"字距调整"参数　　　图 11-54　调整文字的位置

11.2.6　合成视频效果

在 Premiere 中，用户需要运用剃刀工具来对素材进行分割，并通过"编辑"|"清除"命令或【Delete】键删除不需要的素材。

在 Premiere 中，分割和删除素材的操作方法如下。

扫码看视频

▶▶ STEP01 将背景音乐拖动至 A2 轨道中，如图 11-55 所示。

▶▶ STEP02 在视频的结束位置对背景音乐进行分割，如图 11-56 所示，并删除分割出的后半段音频素材。

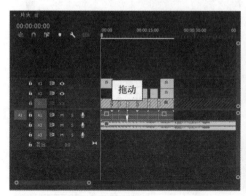
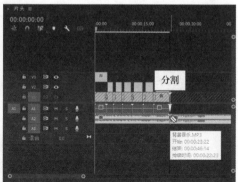

图 11-55　将音频拖动至 A2 轨道　　　　图 11-56　对音乐进行分割

▶▶ STEP03 在界面的右上角单击"快速导出"按钮 ，如图 11-57 所示。

▶▶ STEP04 弹出"快速导出"面板，❶设置文件名称和保存位置；❷设置"预设"参数为"高品质 1080P HD"，如图 11-58 所示，单击"导出"按钮，将视频导出。

图 11-57　单击"快速导出"按钮　　　　图 11-58　设置"预设"参数

第 . **12** . 章

剪映＋Premiere
强强联合制作：
《美丽夜景》

前面向大家分别介绍了剪映和 Premiere 的操作
技巧，可以看出，剪映和 Premiere 作为强大的剪辑
软件，既有共通之处，也有各自的优势，那么，将这
两个软件结合，强强联手、优势互补，能制作出什么
样的视频效果出来呢？本章将向大家介绍使用剪映电
脑版和 Premiere 联合制作《美丽夜景》的操作方法。

12.1 预览项目效果

剪映电脑版为用户提供了优质的视频剪辑体验，支持搜索海量音频、表情包、贴纸、花字、文字模板及滤镜等，可以满足用户的各类创作需求，让用户轻松成为剪辑大神。

Adobe Premiere Pro 2022 是一款兼容性和画面编辑质量都非常好的视频剪辑软件，为用户提供了采集、剪辑、过渡效果、美化音频、字幕添加及多格式输出等一整套完整的功能，不仅可以满足用户创建高质量作品的需求，还可以提升用户的创作能力和创作自由度。

这两款软件都有一个共同的特性，那就是操作精确简单、易学且高效。在制作《美丽夜景》视频效果之前，首先预览项目效果，并掌握项目技术提炼等内容。

扫码看效果

12.1.1 效果欣赏

【效果展示】本案例通过展示多个地点的夜景，让观众感受到城市之中的夜景之美，效果如图 12-1 所示。

图 12-1 效果展示

图 12-1　效果展示（续）

12.1.2　技术提炼

《城市记忆》视频的制作一共分成两个部分进行剪辑处理。

第 1 部分为在剪映中的处理，首先需要在剪映中分别为素材添加合适的滤镜，进行调色处理；然后运用剪映丰富的素材库、特效等功能制作视频的片头、片尾；最后在剪映音乐库中选择合适的音乐作为背景音乐进行导出。

第 2 部分为在 Premiere 中的处理，首先需要导入所有调好色的素材，并进行适当剪辑；然后添加视频过渡效果，使视频与视频之间的切换自然流畅；接着添加为部分素材添加合适的字幕，丰富视频效果；最后添加背景音乐，并将制作的视频渲染导出。

12.2　在剪映中的操作

要制作《夜景之美》视频效果，用户需要先在剪映电脑版中完成素材调色、片头片尾和背景音乐的准备与制作，以便后续在 Premiere 中进行下一步的剪辑。

12.2.1　为素材进行调色

剪映中提供了多种多样、风格迥异的滤镜效果，用户可以为素材添加合适的滤镜，一键完成素材的调色处理。

扫码看视频

在剪映电脑版中，为素材进行调色的操作方法如下。

▶▶ STEP01 将 8 段视频素材和片头素材导入"本地"选项卡中，将第 1 段素材添加到视频轨道，如图 12-2 所示。

▶▶ STEP02 ❶切换至"滤镜"功能区；❷在"风景"选项卡中单击"橘光"滤镜右下角的"添加到轨道"按钮 ⊕，如图 12-3 所示，为视频添加一个滤镜，并将滤镜的时长调整为与视频时长一致。单击"导出"按钮，将调好色的素材导出备用。

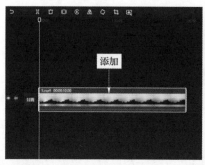

图 12-2　将素材添加到视频轨道　　图 12-3　单击"添加到轨道"按钮

▶▶ STEP03 清空所有轨道，用与上相同的方法，分别为第 2 段至第 4 段素材添加"露营"选项卡中的"宿营"滤镜，分别为第 5 段和第 6 段素材添加"夜景"选项卡中的"橙蓝"滤镜，为第 7 段素材添加"影视级"选项卡中的"高饱和"滤镜，为第 8 段素材添加"黑白"选项卡中的"黑金"滤镜，为片头素材添加"夜景"选项卡中的"冷蓝"滤镜，并调整滤镜的时长，部分效果如图 12-4 所示，分别将调好色的素材进行导出。

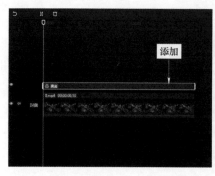
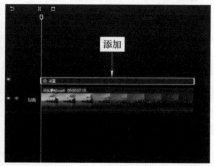

图 12-4　添加相应滤镜

12.2.2　制作片头片尾

用户可以直接在剪映的素材库中搜索需要的素材来制作片头文字效果;还可以通过文字动画和特效制作好看的片尾效果。

在剪映电脑版中,制作片头片尾的操作方法如下。

▶▷ STEP01 新建一个草稿文件,将调好色的片头素材添加到"本地"选项卡,在"媒体"功能区的"素材库"选项卡中搜索"金色粒子素材",在搜索结果中单击相应素材右下角的"添加到轨道"按钮 ,如图 12-5 所示,将其添加到视频轨道中,设置素材的"混合模式"为"滤色"模式。

▶▷ STEP02 ❶拖动时间指示器至 00:00:18:13 的位置;❷单击"分割"按钮 ,如图 12-6 所示,对粒子素材进行分割。用同样的方法在 00:00:22:19 的位置进行分割。

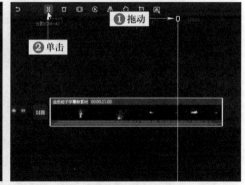

图 12-5　单击"添加到轨道"按钮(1)　　图 12-6　单击"分割"按钮

▶▷ STEP03 将分割出的第 1 段和第 3 段素材进行删除,将片头素材添加到视频轨道,将粒子素材拖动至画中画轨道,单击画中画轨道起始位置的"关闭原声"按钮 ,如图 12-7 所示,将粒子素材静音。

▶▷ STEP04 拖动时间指示器至 00:00:00:10 的位置,在"文本"功能区的"新建文本"选项卡中单击"默认文本"右下角的"添加到轨道"按钮 ,添加一段默认文本,如图 12-8 所示,即可开始导出视频。

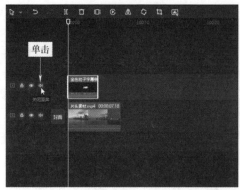
图 12-7　单击"关闭原声"按钮

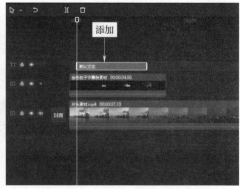
图 12-8　添加一段默认文本

▶▶ STEP05 ❶输入片名内容；❷设置合适的文字字体；❸在预览区域调整文字的大小，如图 12-9 所示。

图 12-9　调整文字的大小

▶▶ STEP06 ❶切换至"动画"操作区；❷选择"羽化向右擦开"入场动画；❸设置"动画时长"参数为 3.0s，如图 12-10 所示。

▶▶ STEP07 将片头素材的时长调整为 5s，如图 12-11 所示，并调整文本的时长，使其结束位置对齐片头素材的末尾，即可完成片头的制作，单击"导出"按钮，将其导出备用。

▶▶ STEP08 清空所有轨道，将片尾素材添加到视频轨道，❶在"播放器"面板中设置画面比例为 16∶9；❷在"画面"操作区中设置"背景填充"为"模糊"；❸选择第 3 个模糊效果，如图 12-12 所示。

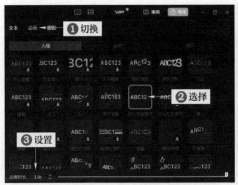

图 12-10　设置"动画时长"参数（1）

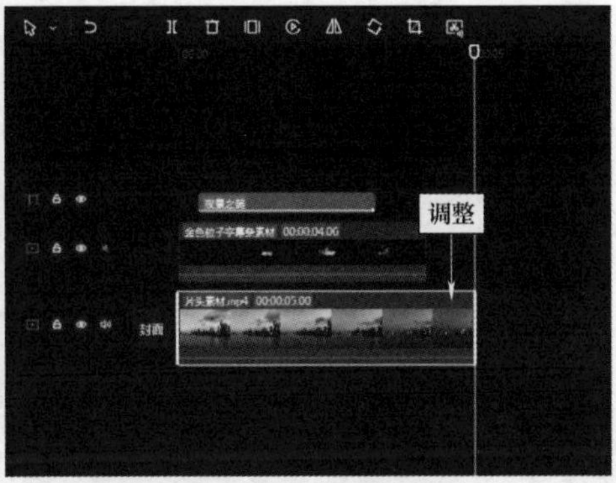

图 12-11　调整素材时长

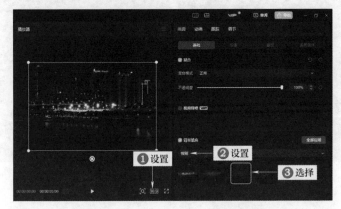

图 12-12　选择第 3 个模糊效果

▶▶ STEP09 在视频起始位置添加一段默认文本，❶输入文字内容；❷设置合适的字体；❸调整文字的大小和位置，如图 12-13 所示。

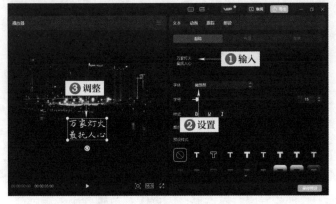

图 12-13　调整文字的大小和位置

▶▷ STEP10 在"动画"操作区的"入场"选项卡中，❶选择"逐字显影"动画；❷设置"动画时长"参数为 1.0s，如图 12-14 所示。将文本的时长调整为5s，用同样的方法为文本添加"闭幕"出场动画，并设置"动画时长"参数为2.5s。

▶▷ STEP11 将片尾素材的时长调整为 00:00:06:16，然后在 4s 的位置添加一个"基础"选项区中的"全剧终"特效，调整特效的时长，如图 12-15 所示，即可完成片尾的制作，单击"导出"按钮，将其导出备用。

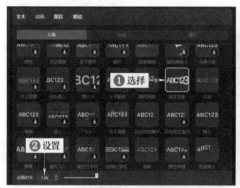

图 12-14　设置"动画时长"参数（2）　　　图 12-15　调整特效时长

12.2.3　导出背景音乐

扫码看视频

　　在剪映中，用户可以选择只导出制作好的视频，也可以选择只导出音频。

在剪映电脑版中，导出背景音乐的操作方法如下。

▶▷ STEP01 清空所有轨道，在"音频"功能区的"音乐素材"选项卡中搜索相应音乐，在搜索结果中挑选合适的音乐，将其添加到音频轨道中，如图 12-16所示。

▶▷ STEP02 单击"导出"按钮，在弹出的"导出"对话框中，❶设置音频的名称；❷取消选中"视频导出"复选框；❸选中"音频导出"复选框，如图 12-17所示，单击"导出"按钮，即可将背景音乐以 MP3 的格式导出备用。

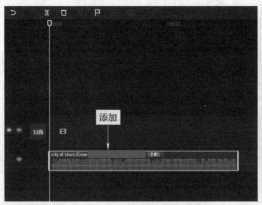

图 12-16　将音乐添加到音频轨道　　图 12-17　选中"音频导出"复选框

12.3　在 Premiere 中的操作

在 Premiere 中导入调好色的素材、制作好的片头片尾和背景音乐,即可开始进行剪辑,为了让视频效果更好,用户可以为视频添加过渡效果和合适的字幕,最后添加准备的背景音乐,并将视频导出即可。

12.3.1　剪辑视频素材

如果将所有素材都完整地添加到视频,视频的时长就会太长,让人没有观看下去的欲望,因此,用户要选择性地对素材的时长进行调整。

扫码看视频

在 Premiere 中,剪辑视频素材的操作方法如下。

▶▷ STEP01 新建一个项目文件,将视频素材和背景音乐导入"项目"面板中,如图 12-18 所示。

▶▷ STEP02 将所有视频素材按顺序添加到"时间轴"面板的 V1 轨道中,如图 12-19 所示。

▶▷ STEP03 ❶拖动时间指示器至 00:00:07:07 的位置;❷在"工具箱"面板中选取剃刀工具▇,如图 12-20 所示,在时间指示器所在的位置对第 1 段素材进行分割。

▶▶ STEP04 选取选择工具▶，选择分割出的后半段素材，如图 12-21 所示，按【Shift+Delete】组合键，即可将其删除，并让后面的素材自动填补空白。

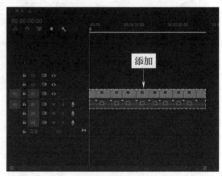

图 12-18　将视频和音频导入"项目"面板　　图 12-19　将视频素材添加到轨道中

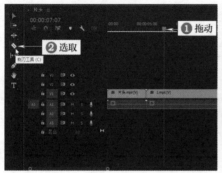

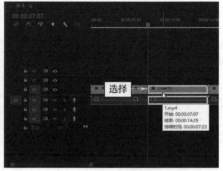

图 12-20　选取剃刀工具　　　　　图 12-21　选择分割出的后半段素材

▶▶ STEP05 用与上相同的方法，继续在合适的位置分割和删除素材，调整素材的时长，效果如图 12-22 所示。

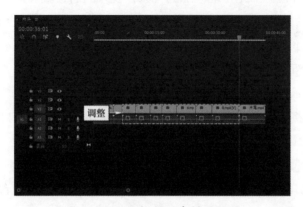

图 12-22　调整剩下素材的时长

12.3.2　添加视频过渡

扫码看视频

当视频中有多段素材时，用户可以在不同素材之间添加视频过渡效果，让素材的切换富有动感。

在 Premiere 中，添加视频过渡的操作方法如下。

▶▷ STEP01 在"效果"面板中，❶展开"视频过渡"选项；❷在"溶解"选项中选择"交叉溶解"过渡效果，如图 12-23 所示。

▶▷ STEP02 按住鼠标左键将"交叉溶解"效果拖动至片头和第 1 段素材之间，释放鼠标左键，即可在两个素材文件之间添加相应的转场效果，如图 12-24 所示。

图 12-23　选择"交叉溶解"过渡效果　　图 12-24　添加"交叉溶解"过渡效果

▶▷ STEP03 在"效果控件"面板中，设置"交叉溶解"效果的"持续时间"参数为 00:00:00:10，如图 12-25 所示，缩短过渡效果的作用时间。

▶▷ STEP04 用与上相同的方法，在后面的素材之间分别添加"交叉溶解"效果，并设置"持续时间"参数为 00:00:00:10，如图 12-26 所示。

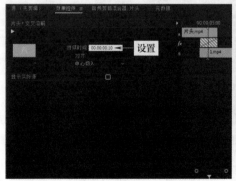 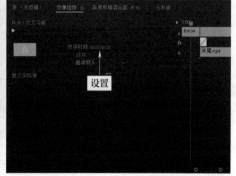

图 12-25　设置"持续时间"参数（1）　　图 12-26　设置"持续时间"参数（2）

扫码看视频

12.3.3 添加说明文字

如果视频只有画面，难免显得有些单调，用户可以适当添加一些说明文字，丰富视频的内容。

在 Premiere 中，添加说明文字的操作方法如下。

▶▷ STEP01 拖动时间指示器至第 1 个过渡效果的结束位置，选取文字工具 T，在画面的合适位置创建一个文本框，输入相应内容，如图 12-27 所示。

▶▷ STEP02 全选文字内容，双击 V2 轨道上的文本图形，在弹出的"基本图形"面板中，❶设置合适的字体；❷单击"居中对齐文本"按钮 ，让文字在文本框内居中对齐；❸单击"仿粗体"按钮 T，如图 12-28 所示，即可完成文字的样式设置。

图 12-27　输入相应内容

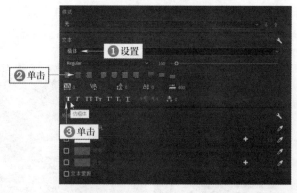

图 12-28　单击"仿粗体"按钮

▶▷ STEP03 调整文本的持续时长，使其结束位置与第 1 段素材的结束位置对齐，在"效果控件"面板中展开"文本"选项，❶单击"不透明度"选项左侧的"切换动画"按钮，在文本的起始位置添加第 1 个关键帧；❷设置"不透明度"参数为 0.0％，如图 12-29 所示，让文字消失不见。

▶▷ STEP04 拖动时间指示器至 00:00:06:05 的位置，❶设置文本"不透明度"参数为 100.0％，让文字重新显示；❷自动添加第 2 个关键帧，如图 12-30 所示，即可制作文本的渐显动画。

▶▷ STEP05 ❶单击 V1 轨道起始位置的"切换锁定轨道"按钮，将该轨道锁定；❷拖动时间指示器至第 2 个过渡效果的结束位置；❸选择文本，如图 12-31 所示。

▶▷ STEP06 按【Ctrl+C】组合键对文本进行复制，按【Ctrl+V】组合键将复制的文本粘贴至时间指示器的右侧，修改复制的文本内容，如图 12-32 所示，并调整文本的时长。

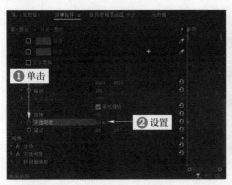

图 12-29　设置"不透明度"参数

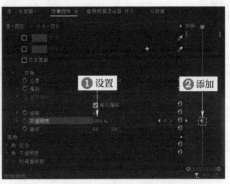

图 12-30　自动添加关键帧

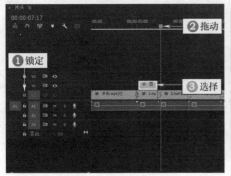

图 12-31　选择文本

图 12-32　修改复制的文本内容

▶▷ STEP07 用与上相同的方法，在合适的位置粘贴文本，修改文本内容并调整其时长，如图 12-33 所示，即可完成说明文字的添加。

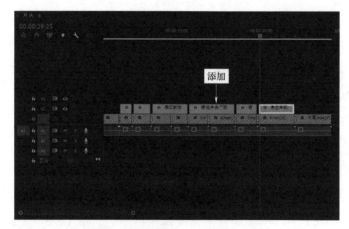

图 12-33　添加剩下的说明文本

扫码看视频

12.3.4　合成并导出视频

完成所有剪辑后，用户可以为视频添加合适的背景音乐并将其导出。在 Premiere 中，合成并导出视频的操作方法如下。

▶▶ STEP01 将背景音乐拖动至"时间轴"面板中的 A2 轨道上，❶拖动时间指示器至 5s 的位置；❷在"工具箱"面板中选取剃刀工具，如图 12-34 所示，在时间指示器所在的位置对音频素材进行分割。

▶▶ STEP02 选择分割出的前半段音频，按【Delete】键将其删除，调整音频的位置，在界面右上角单击"快速导出"按钮，如图 12-35 所示。

图 12-34　选取剃刀工具

图 12-35　单击"快速导出"按钮

▶▶ STEP03 在弹出的"快速导出"面板中单击"文件名和位置"下方的蓝色超链接，弹出"另存为"对话框，❶在其中设置文件名和保存位置；❷单击

"保存"按钮，如图 12-36 所示。

▶▶ STEP04 返回"快速导出"面板，❶设置"预设"参数为"高品质 1080p HD"；❷单击"导出"按钮，如图 12-37 所示，即可将制作好的视频导出。

图 12-36　单击"保存"按钮　　　　图 12-37　单击"导出"按钮